普通高等教育"十三五"规划教材

单片机控制技术应用项目化教程

朱国军　主　编

王文海　周欢喜　顾雅青　副主编

王文杰　主　审

U0388056

化学工业出版社

·北京·

本书以"项目驱动"的方式编写，以 AT89C51 单片机为学习对象，结合 Keil C51、Proteus 等单片机系统开发软件应用，从实用的角度出发，以项目实施为主线，系统地介绍了单片机（C51）程序设计和单片机控制系统的接口应用技术。

本书通过设计制作广告灯、设计制作楼道计数器、设计制作数字频率计、设计制作升降控制装置、设计制作抢答器、设计制作电压数据采样器、设计制作信号发生器、设计制作数据收发器、设计制作温度报警器九个项目，详细讲解了 C51 程序设计，AT89C51 单片机 I/O 口控制、中断、定时/计数、串行口等内部资源的应用，AT89C51 单片机与键盘、LED、数码管显示、LCD1602 显示等基本接口技术应用，AT89C51 单片机与 I²C 总线器件、单总线器件等新器件的接口技术与应用，以及单片机控制系统的设计、制作与仿真调试等开发流程。

本书通俗易懂，实用性强，可作为高职高专与应用型本科自动化控制类与电子信息类专业单片机课程的教材，也可作为相关工程人员的参考书。

图书在版编目（CIP）数据

单片机控制技术应用项目化教程 / 朱国军主编 . —北京：
化学工业出版社，2018.4
普通高等教育"十三五"规划教材
ISBN 978-7-122-31721-6

Ⅰ.①单⋯ Ⅱ.①朱⋯ Ⅲ.①单片微型计算机-计算
机控制-高等职业教育-教材 Ⅳ.①TP368.1

中国版本图书馆 CIP 数据核字（2018）第 046160 号

责任编辑：王听讲
责任校对：王素芹 　　　　　　　　　　装帧设计：关　飞

出版发行：化学工业出版社（北京市东城区青年湖南街 13 号　邮政编码 100011）
印　　装：北京市白帆印务有限公司
787mm×1092mm　1/16　印张 16　字数 410 千字　2018 年 6 月北京第 1 版第 1 次印刷

购书咨询：010-64518888（传真：010-64519686）　售后服务：010-64518899
网　　址：http://www.cip.com.cn
凡购买本书，如有缺损质量问题，本社销售中心负责调换。

定　　价：36.00 元

前言

在高职高专与应用型本科教学改革中，通过打破传统的课程结构，以与工作过程中相关联"学习性"项目为牵引，重构与序化学习内容，建立项目化的课程结构；采用项目化教学，做到学以致用，有利于发挥学生学习的主动性，有利于提高学生的学习效率；项目与工作过程紧密结合，有利于学生适应将来的工作岗位，这是本教材编写的理念与目的所在。

与同类教材相比，本教材具有以下特点。

（1）采用项目化的编写方式。本着"精讲、实用、易懂"的教学原则，以项目驱动作为教材编写的主线。

①在对编程和器件有一定了解的基础上，教材按项目给出典型的实践任务，任务覆盖了课程标准的知识点、技能点、技术应用点，学生通过任务的完成，带动对单片机应用中知识点的学习，技能点的训练，技术点的领悟。

②项目任务都给出了实现步骤，只要一步一步实施即可实现，有利于激发学生的学习兴趣。

③项目任务提出了拓展部分，为学生的应用留有自我发挥、提升的空间。

（2）注重能力的培养。本教材不设理论性的例题和练习，全部为设计制作任务形式的操作拓展训练。

（3）教材注重学习方法的培养。通过知识技能的边学边用、案例的模仿与消化、项目的实施、举一反三的训练，学生将自主学会其他型号单片机的方法，设计制作出单片机小产品。课程学习网址：http://www.worlduc.com/SpaceManage/default.aspx。

（4）突出重点、突破难点。针对单片机应用和C51程序设计中的难点，本教材采用案例的方式进行突破；接口技术应用的重点知识将在项目的实施中得以掌握、巩固与提升。

（5）注重新知识、新器件的应用。本教材涵盖了LCD1602、AT24C02、DS18B20、DS1302等新器件的应用新知识。

本教程由长沙航空职业技术学院朱国军担任主编，长沙航空职业技术学院王文海、周欢喜和山东华宇工学院顾雅青担任副主编，长沙航空职业技术学院程秀玲、钟平，湖南都市职业技术学院丁群，以及北京国际招标有限公司李蕾和中航长沙5712飞机修理公司谭咏梅参与编写，长沙航空职业技术学院王文杰担任主审。

我们在编写过程中，虽然力求完美，但由于水平有限，书中难免有疏漏和不妥之处，敬请广大读者不吝赐教。

编者

2018年4月

目录

项目 1

设计制作广告灯

1.1 学习目标

①掌握 MCS-51 单片机的内部资源及最小系统构建的方法；

②掌握 MCS-51 单片机开发工具软件的使用方法；

③掌握 C51 数据类型、基本语句等基本语法；

④掌握 C51 简单程序设计方法；

⑤了解简单单片机控制系统的设计、制作与调试流程。

1.2 项目任务

1) 项目要求

①用 Keil C51、Proteus 等工具软件作为开发工具；

②AT89C51 单片机用作控制；

③8 只发光二极管用作显示；

④实现功能：先将单个 LED 灯从左到右点亮，再奇偶闪烁 8 次，最后单个 LED 灯从右到左点亮并且循环显示；

⑤发挥扩充功能：如高低四位轮流点亮、拉幕方式点亮等。

2) 设计制作任务

①拟定总体设计制作方案；

②设计硬件电路；

③编制程序流程图及设计源程序；

④仿真调试广告灯；

⑤安装元件，制作广告灯，调试功能。

1.3 相关知识

1.3.1 单片机简介

计算机系统正在向巨型化、单片化、网络化方向发展，其中单片化是为了提高系统的可靠性、实现微型化，把计算机系统集成在一块半导体芯片上。这种单片计算机简称单片机。单片机的内部硬件结构和指令系统是针对自动控制应用而设计的，所以单片机又称为微控制器（Micro Controller Unit，MCU）。单片机自从 20 世纪 70 年代问世以来，已经形成了多品种、多系列。

1. MCS-51 单片机及兼容产品

尽管各类单片机很多，但无论是从世界范围或是从国内范围来看，使用最为广泛的应属 MCS-51 单片机，所以，本书以 MCS-51 系列八位单片机（8031、8051、8751 等）为学习对象，介绍单片机的应用技术。

MCS 单片机系列共有十几种芯片，如表 1-1 所示。

表 1-1　MCS 系列单片机分类

子系列	片内 ROM 形式			ROM 容量	RAM 容量	寻址 范围	I/O 口端口			中断源
	无	ROM	EPROM				计数器	并行口	串行口	
51 系列	8031	8051	8751	4KB	128B	2×64KB	2×16	4×8	1	5
	80C31	80C51	87C51	4KB	128B	2×64KB	2×16	4×8	1	5
52 系列	8032	8052	8752	8KB	256B	2×64KB	3×16	4×8	1	6
	80C32	80C52	87C52	8KB	256B	2×64KB	3×16	4×8	1	6

MCS 单片机分为 51 和 52 两个子系列，并以芯片型号的最末位数字作为标志。其中 51 子系列是基本型，而 52 子系列则属增强型。

Intel 公司推出了 8 位的 MCS-51 系列单片机后，在工业控制方面得到了极大的应用。之后，Intel 开放了 51 系列单片机核心技术，PHilips、Atmel、ADI 等公司相继推出了基于 51 内核的单片机。

2. 其他类型的单片机产品

在一些公司生产基于 51 内核单片机的同时，其他一些大公司也开发了自己的单片机，比如 Motorola、TI、MicrocHip、ST、Epson、MPS430 等。这些单片机的指令系统和内部结构和 MCS-51 单片机结构不同、功能也各有特点。

3. 单片机处理器的应用范围

单片机各个方面性能正在不断提高，它不仅用于通信、网络、金融、交通、医疗、消费电子、仪器仪表、制造业控制等领域，而且还应用在航天、航空、军事装备等领域。

1.3.2　数制与编码

1. 数制

1）十进制

十进制以 10 为基数，共有 0～9 十个数码，计数规律为低位向高位逢十进一。各数码在不同位的权不一样，故值也不同。例如 444，三个数码虽然都是 4，但百位的 4 表示 400，即 4×10^2；十位的 4 表示 40，即 4×10^1；个位的 4 表示 4，即 4×10^0；其中 10^2、10^1、10^0 称为十进制数各位的权。如一个十进制数 586.5，按每一位数展开可表示为：

$$(586.5)10=5\times10^2+8\times10^1+5\times10^0+5\times10^{-1}$$

2) 二进制

计算机中经常采用二进制。二进制的基数为 2，共有 0 和 1 两个数码，计数规律为低位向高位逢二进一。各数码在不同位的权不一样，故值也不同。二进制数用下标 B 或 "2" 表示，如一个二进制数 101.101，按每一位数展开可表示为：

$$(101.101)_2 = 1 \times 2^2 + 0 \times 2^1 + 1 \times 2^0 + 1 \times 2^{-1} + 0 \times 2^{-2} + 1 \times 2^{-3}$$

3) 八进制数

在八进制数中，基数为 8。因此，在八进制数中出现的数字字符有 8 个：0，1，2，3，4，5，6，7。每一位计数的原则为"逢八进一"，用下标 O 或 "8" 表示。

4) 十六进制数

在十六进制数中，基数为 16。因此，在十六进制数中出现的数字字符有 16 个：0，1，2，3，4，5，6，7，8，9，A，B，C，D，E，F，其中 A、B、C、D、E、F 分别表示值10，11，12，13，14，15。十六进制数中每一位计数原则为"逢十六进一"，用下标 H 表示

2. 各数制之间的转换

1) R (R 表示任何数制的基数) 进制数转换为十进制数

二进制、八进制和十六进制数转换为等值的十进制数，采用按权相加法。用多项式表示，并在十进制下进行计算，所得的结果就是十进制数。

例如，将二进制数 1011101 转换为十进制数。

$$(1011101)_2 = (1 \times 2^6 + 0 \times 2^5 + 1 \times 2^4 + 1 \times 2^3 + 1 \times 2^2 + 0 \times 2^1 + 1 \times 2^0)_{10}$$
$$= (64 + 0 + 16 + 8 + 4 + 0 + 1)_{10}$$
$$= (93)_{10}$$

2) 十进制数转换为 R 进制数

十进制数转换为等值的二进制、八进制和十六进制数，需要对整数部分和小数部分分别进行转换。其中，整数部分用连续除以基数 R 取余数倒排法来完成，小数部分用连续乘以基数 R 取整顺排法来实现。

例如，将十进制数 48.375 转换成二进制数（取小数点后三位）。

根据转换规则，整数部分 44 用除 2 取余倒排法：

$$(44)_{10} = (101100)_2$$

小数部分 0.375 采用乘 2 取整顺排法：

$$(0.375)_{10} = (0.011)_2$$

所以：$(48.375)_{10} = (101100.011)_2$

3) 二进制数与八进制数、十六进制数的转换

二进制数与八进制数的转换，应以"3 位二进制数对应 1 位八进制数"的原则进行；二进制数与十六进制数的转换，应以"4 位二进制数对应 1 位十六进制数"的原则进行。

例如，(101100)₂转换成十六进制数：

$$(101100)_2 = (2C)_H$$

4) 二进制数的运算原则

加法：逢二进一；减法：借一当二；乘法：与算术乘法形式相同；除法：与算术除法形式相同。

3. 数据类型及数据单位

1) 数据的两种类型

计算机中的数据可概括分为两大类：数值型数据和字符型数据，所有的非数值型数据都要经过数字化后，才能在计算机中存储和处理。

2) 数据单位

在计算机中通常使用三个数据单位：位、字节和字。位的概念是：最小的存储单位，英文名称是 bit，常用小写 b 或 bit 表示。用 8 位二进制数作为表示字符和数字的基本单元。

英文名称是 Byte，称为一字节。通常用大写"B"表示。

1B（字节）＝8bit（位）

1KB（千字节）＝1024B（字节）

1MB（兆字节）＝1024KB（千字节）

字长：字长也称为字或计算机字，它是计算机能并行处理的二进制数的位数。

4. 编码

1) 8421BCD 码

用 4 位二进制数码表示 1 位十进制数，简称二-十进制码，又叫 BCD 码。其中 8421 BCD 码是最常用的 BCD 码，它和四位自然二进制码相似，各位的权值为 8、4、2、1。和四位自然二进制码不同的是：它只选用了四位二进制码中前 10 组代码，即用 0000~1001 分别代表它所对应的十进制数 0~9，余下的六组代码不用。如表 1-2 所示。

表 1-2 8421BCD 码表

十进制数	0	1	2	3	4	5	6	7	8	9
8421 码	0000	0001	0010	0011	0100	0101	0110	0111	1000	1001

2) ASCⅡ 码

ASCⅡ码使用指定的 7 位或 8 位二进制数组合，来表示 128 或 256 种可能的字符。标准 ASCII 码也叫基础 ASCⅡ码，使用 7 位二进制数来表示所有的大写和小写字母，数字 0 到 9、标点符号，以及在美式英语中使用的特殊控制字符。

（1）0~31 及 127（共 33 个）是控制字符或通信专用字符（其余为可显示字符），如控制符：LF（换行）、CR（回车）、FF（换页）、DEL（删除）、BS（退格）、BEL（响铃）等；通信专用字符：SOH（文头）、EOT（文尾）、ACK（确认）等；ASCⅡ值为 8、9、10 和 13 分别转换为退格、制表、换行和回车字符。它们并没有特定的图形显示，但会依不同的应用程序而对文本显示有不同的影响。

（2）32~126（共 95 个）是字符（32sp 是空格），其中 48~57 为 0 到 9 十个阿拉伯数字。

（3）65~90 为 26 个大写英文字母，97~122 号为 26 个小写英文字母，其余为一些标点符号、运算符号等。

在标准 ASCII 中，其最高位（b7）用作奇偶校验位。后 128 个称为扩展 ASCII 码，目前许多基于 x86 的系统都支持使用扩展（或"高"）ASCII。扩展 ASCII 码允许将每个字符的第 8 位，用于确定附加的 128 个特殊符号字符、外来语字母和图形符号。

1.3.3　MCS-51 单片机

1. MCS-51 单片机的内部结构

1) MCS-51 单片机基本组成

MCS-51 单片机有很多类型，但它们基本相同。下面以 AT89C51 为例，介绍单片机的内部结构。AT89C51 是 Atmel 公司推出的带有 ISP（在线编程）功能的 8 位单片机，是目前许多领域应用的首选机型。该单片机的主要功能如下：

- 完全兼容 51 系列；
- 工作频率 0~22MHz；
- 4KB Flash ROM，并且可在线编程；
- 128B　RAM；
- 32 个 I/O；
- 5 个中断向量源；
- 2 个 16 位定时/计数器；
- 1 个全多工串行通信端口；
- 看门狗定时器；
- 双数据指针；
- 片内时钟振荡器；
- 具有多种封装方式。

AT89C51 内部结构框图如图 1-1 所示。

2) 中央处理器

中央处理器是单片机内部的核心部件，是一个 8 位的中央处理单元，主要由运算器、控制器和若干寄存器组成，通过内部总线与其他功能部件连接。

（1）运算器。运算器用来完成算术运算和逻辑运算功能，它是 AT89C51 内部处理各种信息的主要部件。运算器主要由算术逻辑运算单元 ALU、累加器 ACC、暂存器、寄存器 B 和程序状态字（标志寄存器 PSW）组成。

①算术逻辑单元 ALU 是一个 8 位的运算器，它可以完成算术运算与逻辑运算，具有数据传送、移位、判断与程序转移等功能。它还有一个位运算器，可以对 1 位二进制数进行值位、清零、求反、判断、移位等逻辑运算。

②累加器 ACC 简称为 A，是一个 8 位的寄存器，用来存放操作数或运算的结果。在 MCS-51 指令系统中，绝大多数指令都要求累加器 A 参与处理。

③暂存器存放参与运算的操作数，不对外开放。

④寄存器 B 是专为乘法和除法设置的寄存器，也是 8 位寄存器。乘法运算时，B 是存放乘数。乘法操作后，乘积的高 8 位存于 B 中；除法运算时，B 是存放除数，除法操作后，余数存于 B 中。此外，B 寄存器也可作为一般数据寄存器使用。

⑤程序状态字（PSW——Program Status Word），程序状态字是一个 8 位标志寄存器，用于保存程序运行中的各种状态信息。其中有些位状态是根据程序执行结果，由硬件自动设

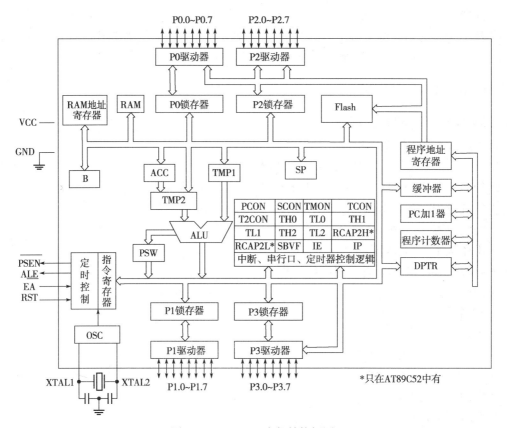

图 1-1　AT89C51 内部结构框图

置的，有些位状态则使用软件方法设定。PSW 的位状态可以用专门指令进行测试，也可以用指令读出。一些条件转移指令将根据 PSW 有些位的状态，进行程序转移。PSW 的 PSW0.0—PSW0.7 的位地址为 D0H—D7H，各位定义如表 1-3 所示。

表 1-3　PSW 的 PSW.0-PSW.7 的含义

PSW 位地址	D7H	D6H	D5H	D4H	D3H	D2H	D1H	D0H
字节地址 D0H	CY	AC	F0	RS1	RS0	OV		P

注：PSW.1 位保留未用。

CY（PSW.7）——进位标志位。表示累加器 A 在加减运算过程中，其最高位 A7 有无进位或借位。如果操作结果的最高位产生进位或借位，CY 由硬件置"1"，否则清零。另外，也可以由位运算指令置位或清零。

AC（PSW.6）——辅助进位标志位。在进行加减运算中，当有低 4 位向高 4 位进位（或借位）时，AC 由硬件置"1"，否则 AC 位被清"0"。

F0（PSW.5）——用户标志位。这是一个供用户定义的标志位，根据需要可以用软件来使它置位或清除。

RS1 和 RS0（PSW.4，PSW.3）——寄存器组选择位。AT89C51 片内共有四组工作寄存器，每组八个，分别命名为 R0~R7。编程时用于存放数据或地址，但每组工作寄存器在内部 RAM 中的物理地址不同。RS1 和 RS0 的四种状态组合，就是用于选择 CPU 当前使用的工作寄存器组，从而确定 R0~R7 的实际物理地址。RS1、RS0 状态与工作寄存器 R0~R7 的物理地址关系如表 1-4 所示。

表 1-4　RS1、RS0 与 R0～R7 的物理地址关系

RS1　RS0	寄存器组	片内 RAM 地址
0　　0	第 0 组	00H～07H
0　　1	第 1 组	08H～0FH
1　　0	第 2 组	10H～17H
1　　1	第 3 组	18H～1FH

这两个选择位由软件设置，被选中的寄存器组即为当前通用寄存器组。单片机通电或复位后，RS1 RS0＝00。

OV（PSW.2）——溢出标志位。当执行算术指令时，由硬件自动置位或清零，表示累加器 A 的溢出状态。在带符号数运算结果超过范围（－128～＋127），无符号数运算结果超过范围（255），乘法运算中积超过 255，除法运算中除数为 0，在这 4 种情况下该位为"1"。

判断该位时，通常用运算中次高位向最高位的进（借）位 C6 和最高位向前的进（借）位 C7（也就是 CY）的异或来表示 OV，即 OV＝C6 ⊕ C7。

P（PSW.0）——奇偶标志位。表明累加器 A 内容的奇偶性，如果 A 中有奇数个"1"，则 P 置"1"；若 1 的个数为偶数，则 P 为"0"。凡是改变累加器 A 中内容的指令均会影响 P 标志位。

例如，执行下列两条指令：

　　　　MOV A，♯67H　；将立即数送入累加器 A 中，
　　　　ADD A，♯58H　；将 A 的值与立即数 58H 相加，结果存入 A 中。
　　　　实现 67H 与 58H 相加。

67H＝01100111B、58H＝01011000B，加法过程为：

$$
\begin{array}{r}
0110\ 0111 \\
+\ 0101\ 1000 \\
\hline
1011\ 111＝0BFH
\end{array}
$$

执行后，A＝0BFH，硬件标志位自动设置为：CY＝0、AC＝0、OV＝C6 ⊕ C7，P＝1，如无关位为 0，则 PSW＝05H。

（2）控制器。控制器是单片机内部按一定时序协调工作的控制核心，是分析和执行指令的部件。控制器主要由程序计数器 PC、指令寄存器、指令译码器和定时控制逻辑电路等构成。

①程序计数器 PC 是专门用于存放将要执行的下一条指令的 16 位地址，可寻址 64KB 范围的 ROM。CPU 根据 PC 中的地址到 ROM 中去读取程序指令码和数据，并送给指令寄存器进行分析。PC 的内容具有自动加 1 的功能，用户无法对其进行读写，只能用指令改变 PC 的值，可实现程序的跳转等特点。

②指令寄存器用于存放 CPU 从 ROM 读出的指令操作码。

③指令译码器是用于分析指令操作的部件，指令操作码经译码后产生相应的信号。

④定时控制逻辑电路用来产生脉冲序列和多节拍脉冲。

（3）寄存器。寄存器是单片机内部的临时存放单元或固定用途单元，包括通用寄存器组和专用寄存器组。用寄存器组用于存放运算过程中的地址和数据，专用寄存器用于存放特定的操作数，指示当前指令的存放地址和指令运行的状态等，51 单片机共有 4 组 32 个通用寄存器、21 个专用寄存器。对于特殊功能寄存器，前面介绍了累加器 A、寄存器 B 和标志寄

存器 PSW，下面介绍数据指针（DPTR）和堆栈指针（SP：Stack Pointer），其余的在后面项目中介绍。

数据指针（地址）寄存器 DPTR 为 16 位寄存器，寻址范围达 64KB。它既可以按 16 位寄存器使用，也可以按寄存器 DPH（高 8 位）DPL（低 8 位）作为两个寄存器使用。DPTR 专门用作寄存片外 RAM 及扩展 I/O 口进行数据存取时的地址。

堆栈是一个特殊的存储区，用来暂存数据和地址，它只有一个数据进/出端口，按"先进后出"的原则存取数据。堆栈的底部叫栈底，数据的进出口叫栈顶，栈顶的地址叫堆栈指针，用 8 位寄存器 SP 来存放，系统复位后 SP 的内容为 07H，但是一般把堆栈开辟在内部 RAM 的 30H～7FH 单元中，空栈时栈底的地址等于栈顶的地址。

数据进入堆栈的操作叫进栈，首先 SP 的内容加 1 送入 SP，然后再向堆栈存储器写入数据。

数据读出堆栈的操作叫出栈，堆栈存储器读出数据，然后 SP 的内容减 1 送入 SP。

3) 存储器结构

MCS-51 单片机的芯片内部有 RAM 和 ROM 存储器，外部可以扩展 RAM 和 ROM，在物理上分为 4 个空间。逻辑上分为程序存储器（内、外统一编址，使用 MOVC 指令访问）、内部数据存储器（使用 MOV 指令访问）和外部数据存储器（使用 MOVX 指令访问）。

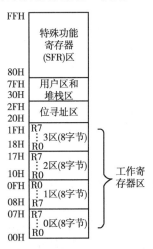

图 1-2 片内 RAM 的配置图

（1）内部数据存储器 RAM。对于普通 8051 单片机，内部 RAM 有 256B，用于存放程序执行过程的各种变量及临时数据。低 128B 可用直接寻址或间接寻址方式进行访问，分为工作寄存器区、位寻址区、用户区和堆栈区 4 个区域，高 128B 为特殊功能寄存器区，其片内 RAM 的配置如图 1-2 所示。

① 工作寄存器区。00H～1FH 地址单元，共有四组寄存器，每组 8 个寄存单元（均为 8 位），都以 R0～R7 作为寄存单元编号。寄存器常用于存放操作数及中间结果等，在任一时刻，CPU 只能使用其中的一组寄存器，由程序状态字寄存器 PSW 中 RS1、RS0 位的状态组合来选择，正在使用的那组寄存器称之为当前寄存器组。

② 位寻址区。20H～2FH 单元为位寻址区，既可作为一般 RAM 单元进行字节操作，也可以对单元中每一位进行位操作。

位寻址区共有 16 个 RAM 单元，计 128 位，位地址为 00H～7FH，如表 1-5 所示。

表 1-5 位寻址区

位地址/位名称								字节地址
D7	D6	D5	D4	D3	D2	D1	D0	
7F	7E	7D	7C	7B	7A	79	78	2FH
77	76	75	74	73	72	71	70	2EH
6F	6E	6D	6C	6B	6A	69	68	2DH
67	66	65	64	63	62	61	60	2CH
5F	5E	5D	5C	5B	5A	59	58	2BH
57	56	55	54	53	52	51	50	2AH

位地址/位名称								字节地址
D7	D6	D5	D4	D3	D2	D1	D0	
4F	4E	4D	4C	4B	4A	49	48	29H
47	46	45	44	43	42	41	40	28H
3F	3E	3D	3C	3B	3A	39	38	27H
37	36	35	34	33	32	31	30	26H
2F	2E	2D	2C	2B	2A	29	28	25H
27	26	25	24	23	22	21	20	24H
1F	1E	1D	1C	1B	1A	19	18	23H
17	16	15	14	13	12	11	10	22H
0F	0E	0D	0C	0B	0A	09	08	21H
07	06	05	04	03	02	01	00	20H

③用户区堆栈区。在内部 RAM 低 128 单元中，剩下 80 个单元，地址从 30H～7FH，为供用户使用的 RAM 区，对用户 RAM 区的使用没有任何规定或限制，在一般应用中常把堆栈开辟在此区中。

④特殊功能寄存器区。80H～FFH（高 128B）集合了表 1-6 所示的一些特殊用途的寄存器，专门用于控制、管理片内算术逻辑部件、并行 I/O 口、串行 I/O 口、定时计数器、中断系统等功能模块的工作。

表 1-6　特殊用途的寄存器

寄存器	MSB			位地址/位定义				LSB	字节地址
B	F7	F6	F5	F4	F3	F2	F1	F0	F0H
ACC	E7	E6	E5	E4	E3	E2	E1	E0	E0H
PSW	D7	D6	D5	D4	D3	D2	D1	D0	D0H
	CY	AC	F0	RS1	RS0	OV	F1	P	
IP	BF	BE	BD	BC	BB	BA	B9	B8	B8H
	—	—	—	PS	PT1	PX1	PT0	PX0	
P3	B7	B6	B5	B4	B3	B2	B1	B0	B0H
	P3.7	P3.6	P3.5	P3.4	P3.3	P3.2	P3.1	P3.0	
IE	AF	AE	AD	AC	AB	AA	A9	A8	A8H
	EA	—	—	ES	ET1	EX1	ET0	EX0	
P2	A7	A6	A5	A4	A3	A2	A1	A0	A0H
	P2.7	P2.6	P2.5	P2.4	P2.3	P2.2	P2.1	P2.0	
SBUF									(99H)
SCON	9F	9E	9D	9C	9B	9A	99	98	98H
	SM0	SM1	SM2	REN	TB8	RB8	TI	RI	
P1	97	96	95	94	93	92	91	90	90H
	P1.7	P1.6	P1.5	P1.4	P1.3	P1.2	P1.1	P1.0	

寄存器	MSB			位地址/位定义				LSB	字节地址
TH1									(8DH)
TH0									(8CH)
TL1									(8BH)
TL0									(8AH)
TMOD	GAT	C/T	M1	M0	GAT	C/T	M1	M0	(89H)
TCON	8F	8E	8D	8C	8B	8A	89	88	88H
	TF1	TR1	TF0	TR0	IE1	IT1	IE0	IT0	
PCON	SMO	—	—	—	—	—	—	—	(87H)
DPH									(83H)
DPL									(82H)
SP									(81H)
P0	87	86	85	84	83	82	81	80	80H
	P0.7	P0.6	P0.5	P0.4	P0.3	P0.2	P0.1	P0.0	

对专用寄存器只能使用直接寻址方式，书写时既可使用寄存器符号，也可使用寄存器单元地址。表 1-6 中字节地址不带括号的寄存器为可以位寻址的寄存器，带括号的是不可以位寻址的寄存器。

尽管还余有许多空闲地址，但用户不能使用。程序计数器 PC 不占据 RAM 单元，它在物理上是独立的，因此，是不可寻址的寄存器。

（2）外部数据存储器。MCS-51 单片机片内有 128 字节或 256 字节的数据存储器，当这些数据存储器容量不够时，可进行外部扩展，外部数据存储器最多可扩展到 64KB，地址范围为 0000H～0FFFFH，通过 DPTR 用作数据指针间接寻址方式访问；对于低地址端的 256B，地址范围为 00H～0FFH，可通过 R0 或 R1 间接寻址方式访问。

（3）程序存储器。MCS-51 的程序存储器用于存放编好的程序和表格、常数。8051 片内有 4KB 的 ROM，8751 片内有 4KB 的 EPROM，8031 片内无程序存储器。MCS-51 能扩展 64KB 程序存储器，片内外的 ROM 是统一编址的。如图 1-3 所示，/EA 端接 Vcc（+5V），8051 的程序计数器 PC 在 0000H～0FFFH 地址范围内（即前 4KB 地址）是执行片内 ROM 中的程序，当 PC 在 1000H～FFFFH 地址范围时，自动执行片外程序存储器中的程序；如果/EA 接地，则 CPU 直接从外部存储器取指令，这时，从/PSEN 引脚输出负脉冲，用作外部程序存储器的读选通信号。

MCS-51 的程序存储器中有些单元具有特殊功能，如：0000H～0002H，系统复位后，（PC）=0000H，单片机从 0000H 单元开始取指令执行程序。如果程序不从 0000H 单元开始，应在这三个单元中存放一条无条件转移指令，以便直接转去执行指定的程序；0003H～002AH，共 40 个单元，这 40 个单元分为五段，即五个中断源的中断地址区：

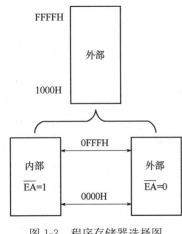

图 1-3　程序存储器选择图

0003H～000AH 外部中断 0 中断地址区;

000BH～0012H 定时器/计数器 0 中断地址区;

0013H～001AH 外部中断 1 中断地址区;

001BH～0022H 定时器/计数器 1 中断地址区;

0023H～002AH 串行中断地址区。

中断响应后,按中断源自动转到各中断区的首地址(即中断入口地址)去执行程序。在中断地址区中存放中断服务程序。一般情况下,8 个单元难以存放一个完整的中断服务程序,可以在中断地址区的首地址存放一条无条件转移指令,中断响应后,通过中断地址区的入口地址,转到中断服务程序的实际入口地址。

4) 并行输入输出接口

MCS-51 系列单片机有 4 个 8 位的并行 I/O 接口:P0、P1、P2 和 P3 口。无外部扩展时,4 个并行接口用作通用 I/O 口,既可以作为输入,也可以作为输出;既可按字节处理,也可按位方式使用,输出时具有锁存能力,输入时具有缓冲功能。有外部扩展时,并行 I/O 接口用作系统总线。

(1) P0 口。P0 口有八条端口线,从低位到高位分别为 P0.0～P0.7。P0 口每一条线由一个数据输出锁存器、两个三态数据输入缓冲器、输出驱动电路和控制电路组成。位结构如图 1-4 所示,P0 口的输出驱动电路由 T1 和 T2 形成推挽式结构,带负载能力将大大提高,并且具有驱动 8 个 LSTTL 负载的能力,输出电流不大于 $800\mu A$。输出级是漏极开路,必须外接 8.7kΩ～10kΩ 的上拉电阻到电源。P0 口作为通用 I/O 口时,属于准双向口。

当系统进行存储器扩展时,控制信号 C 为高电平"1",P0 口用作地址(低 8 位)/数据分时复用总线。此时 P0 口是一个真正的双向口。

(2) P1 口。P1 口有八条端口线,从低位到高位分别为 P1.0～P1.7,每条线由一个输出锁存器、两个三态输入缓冲器和输出驱动电路组成,位结构如图 1-5 所示。P1 口是准双向口,只能用作通用 I/O 接口。输出高电平时,能向外提供拉电流负载,不需外接上拉电阻。当 P1 口用作输入时,须先向端口锁存器写入 1。P1 口具有驱动 4 个 LSTTL 负载的能力。

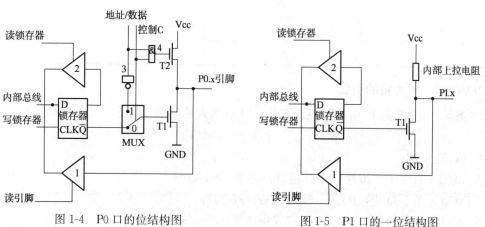

图 1-4 P0 口的位结构图   图 1-5 P1 口的一位结构图

(3) P2 口。P2 口有八条端口线,从低位到高位分别为 P2.0～P2.7。P2 口也是准双向口,它有两种用途:通用 I/O 接口和高 8 位地址线。它不需外接上拉电阻,位结构如图 1-6 所示。

当外扩展存储器时，P2 口用作地址线的高 8 位；不扩展存储器时，P2 口用作通用 I/O 口，带负载能力与 P1 口相同。

(4) P3 口。P3 口有八条端口线，从低位到高位分别为 P3.0～P3.7。其位结构如图 1-7 所示，是一个多用途的准双向口。第一功能是作通用 I/O 接口使用，负载能力与 P1，P2 相同；第二功能是作控制和特殊功能口使用，这时八条端口线所定义的功能各不相同，如表 1-7 所示。

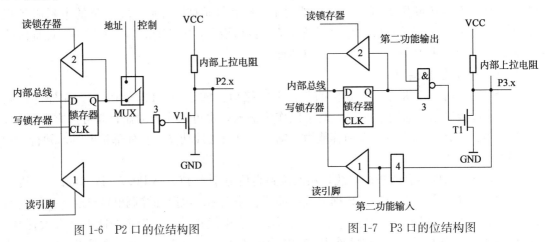

图 1-6　P2 口的位结构图　　　　　图 1-7　P3 口的位结构图

表 1-7　P3 口第二功能表

P3 口各位	第二功能	功能说明
P3.0	RXD	串行口数据接收端
P3.1	TXD	串行口数据发送端
P3.2	/INT0	外部中断 0 请求输入端，低电平有效
P3.3	/INT1	外部中断 1 请求输入端，低电平有效
P3.4	T0	定时/计数器 0 外部计数脉冲输入端
P3.5	T1	定时/计数器 1 外部计数脉冲输入端
P3.6	/WR	外部数据存储器写控制信号，低电平有效
P3.7	/RD	外部数据存储器读控制信号，低电平有效

2. MCS-51 单片机的引脚

MCS-51 单片机为 40 引脚的集成芯片，其双列直插封装（DIP）形式引脚排列如图 1-8 所示。

1) I/O 口引脚

AT89C51 有 4 个 8 位并行 I/O 接口，共 32 条 I/O 线：

①P0 口 8 条 I/O 线：P0.0～P0.7（39～32 脚）；

②P1 口 8 条 I/O 线：P1.0～P1.7（1～8 脚）；

③P2 口 8 条 I/O 线：P2.0～P2.7（21～28 脚）；

④P3 口的 8 条 I/O 线：P3.0～P3.7（10～17 脚）。

P1、P2、P3 内置上拉电阻，P0 口需外接 10kΩ 左右的上拉电阻。P0～P3 口作输入口时，必须先写入"1"。

2) 控制信号引脚

①ALE（/PROG）（30 脚）：地址锁存允许输出信号。在系统存储器扩展时，ALE 用于控制锁存器锁存 P0 口输出的低 8 位地址；ALE 高电平期间，P0 输出地址信息；ALE 下降沿到来时，P0 口的地址信息被外接锁存器锁存，接着出现指令和地址信息，以实现低 8 位地址和数据的隔离。CPU 不执行访问外部存储器时，ALE 以时钟频率六分之一为固定频率输出的正脉冲，可作为外部时钟或外部定时脉冲使用。此引脚的第二功能是对单片机内部 EPPROM 编程时的编程脉冲输入线。

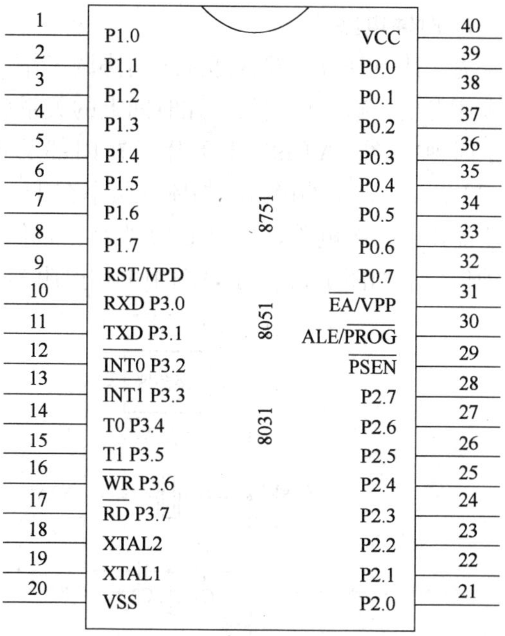

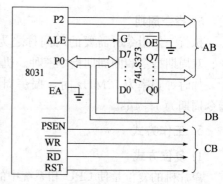

图 1-8　AT89C51 单片机引脚图

②/PSEN（29 脚）：外部程序存储器读选通信号输出。在读外部 ROM 时，/PSEN 有效（低电平），以实现外部 ROM 单元的读操作。

③/EA（Vpp）（31 脚）：访问程序存储控制信号。当/EA 信号为低电平时，对 ROM 的读操作限定在外部程序存储器；而当/EA 信号为高电平时，则对 ROM 的读操作是从内部程序存储器开始，并可延至外部程序存储器。其第二功能还可作为编程电源线。

④RST（9 脚）：复位信号输入端，用以完成单片机的复位操作。当单片机振荡器工作时，连续输入 2 个机器周期以上的高电平，单片机将恢复到初始状态。

3) 外接晶振引脚

XTAL1（18 脚）和 XTAL2（19 脚）：外接晶振引线端。当使用芯片内部时钟时，用于外接石英晶体和微调电容；当使用外部时钟时，用于接外部时钟脉冲信号。

4) 电源引脚

①GND：电源接地线。

②VCC：电源+5V。

③（RST/VPD）（9 脚）：备用电源

各种型号的芯片，其引脚的第一功能信号是相同的，所不同的只在引脚的第二功能信号。

3. 片外总线结构

当 MCS-51 单片机在进行外部扩展时，单片机的引脚线构成了地址总线（AB）、数据总线（DB）、控制总线（CB）的三总线结构。典型应用如图 1-9 所示。P0、P2 构成地址总线，对外部存储器寻址；P0 时分复用作为数据总线；P3 口的/PSEN、/WR、/RD、ALE 等作为控制总线。

图 1-9　片外扩充时单片机的总线结构

4. MCS-51 的 CPU 时钟系统

1) 时钟电路

为保证单片机内部各部件之间协调工作，其控制信号必须在统一的时钟信号下按一定时间顺序发出，这些控制信号在时间上的关系就是 CPU 的时序。产生统一的时钟信号的电路就是时钟电路。AT89C51 单片机在内部反相放大器的输入端 XTAL1（18 脚）和输出端 XTAL2（19 脚）外接石英晶体（频率在 1~24MHz）和微调电容（20pF 左右），构成内部振荡器作为时钟电路，如图 1-10 所示。也使用外部振荡器向内部时钟电路输入固定频率的时钟信号，如图 1-11 所示，图中上拉电阻为 5.1kΩ。

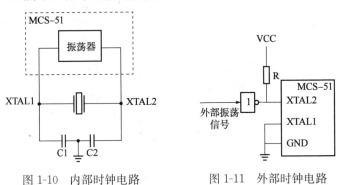

图 1-10　内部时钟电路　　　　图 1-11　外部时钟电路

2) 振荡周期

振荡周期是时钟电路（片内或片外振荡器）所产生的振荡脉冲的周期，即单片机提供的时钟信号的周期。设时钟源信号的频率为 f_{osc}，则振荡周期为 $1/f_{osc}$。通常在分析单片机时序时，也定义为节拍（用 P 表示）。

3) 时钟周期

振荡脉冲经过二分频后，就是单片机的时钟信号的周期，称为时钟周期，又称为状态周期。一个状态周期包含 2（P1、P2）个节拍来完成不同的逻辑操作。

4) 机器周期

机器周期是单片机的基本操作（如取指令等）周期，通常记作 T_{CY}。一个机器周期由六个（S1~S6）状态周期组成，因此，一个机器周期共有 12 个节拍即 12 个振荡周期。可用下面关系式表示：

$$T_{CY}＝12 \text{ 个振荡周期}＝12/f_{osc}$$

5) 指令周期

执行一条指令所需要的时间称之为指令周期。MCS-51 单片机通常可以分为单周期指令、双周期指令和四周期指令三种。机器周期数越少，指令执行速度越快。

如时钟频率为 12MHz 时，振荡周期为 $1/12\mu s$、时钟周期为 $1/6\mu s$、机器周期为 $1\mu s$、指令周期为 $1~4\mu s$。

5. 工作方式

1) 复位方式

单片机的复位是使 CPU 和系统中的其他功能部件都处在初始状态，并从初始状态开始工作。MCS-51 单片机的复位是外部电路来执行的，在 RST 引脚（9 脚）加上持续 2 个机器周期（即 24 个振荡周期）以上的高电平就执行状态复位。常见的复位方式由通电复位和按键复位两种，复位电路如图 1-12（a）、(b) 所示。

单片机复位期间不产 ALE 和/PSEN 信号，即 ALE 和/PSEN 为高电平，单片机复位期间没有取指操作。复位后，内部各专用寄存器状态如表 1-8 所示。P0～P3 口的值为 FFH，为输入口做好准备。程序从 0000H 开始执行，堆栈底部在 07H，一般需重新设置 SP 值。

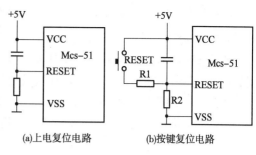

图 1-12　单片机常见的复位电路

表 1-8　专用寄存器复位后状态

寄存器	状态	寄存器	状态
PC	0000H	IE	0 * * 00000B
ACC	00H	TMOD	00H
B	00H	TCON	00H
PSW	00H	TH0	00H
SP	07H	TL0	00H
DPTR	0000H	TH1	00H
P0～P3	FFH	TL1	00H
IP	* * * 00000B	SCON	00H
SBUF	不定	PCON	0 * * * 0000B

注：* 表示无关位

2) 程序执行方式

程序执行方式是单片机的基本工作方式，系统复位后，PC 的内容为 0000H，程序总是从 ROM 的 0000H 地址单元开始取指令，然后根据指令的操作要求执行下去。

3) 低功耗操作方式

CMOS 型单片机有两种低功耗操作方式：节电方式和掉电方式。节电方式下，CPU 停止工作，振荡器保持工作，输出时钟信号到定时器、串行口、中断系统、使它们继续工作，RAM 内部保持原值。断电方式下，备用电源仅给 RAM 供电。只有外部中断继续工作，芯片中程序未涉及的数据存储器和特殊功能寄存器中的数据都将保持原值，其他电路停止工作。节电方式和断电方式可以通过软件设置，由电源控制寄存器 PCON 的有关位控制。PCON 的字节地址为 87H，各位含义如表 1-9 所示。

表 1-9　PCON 各位的含义

D7	D6	D5	D4	D3	D2	D1	D0
SMOD	—	—	POF	GF1	GF0	PD	IDL

其中主要与节电、断电方式控制相关的位如下。

GF1、GF0：用户通用标记。

PD：断电方式控制位，PD＝1 时进入断电模式。

IDL：空闲方式控制位，IDL＝1 时进入空闲方式。

POF：在 AT89C51 中是电源断电标记位，通电时为 1。

节电方式可由任一个中断或硬件复位唤醒，断电方式只能由硬件复位唤醒。

6. 最小系统

利用单片机本身的资源，外加时钟电路，复位电路及电源电路便可以构成单片机的最小配置系统。在最小系统的基础上，外接需要控制的电路和下载相应的程序到芯片存储器中就能正常工作。如图 1-13 所示，在以 AT89C51 为核心的最小系统上，再在 P1 口外接一只发光二极管，固化相应程序到 AT89C51 程序存储器中，将实现对发光二极管的控制功能。

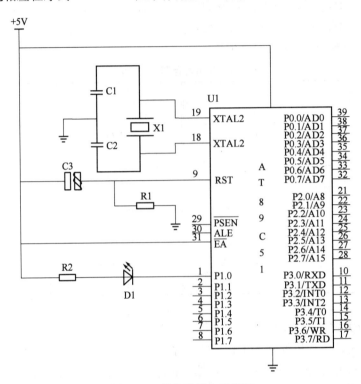

图 1-13　单片机最小系统图

7. 指令系统

计算机能够按照人们的意愿工作，是因为人们给了它相应命令。这些命令是由计算机所能识别的指令组成的，指令是 CPU 用于控制功能部件，完成某一指定动作的指示或命令。

一种微处理器所具有的所有指令的集合，就构成了指令系统。指令系统越丰富，说明 CPU 的功能越强。一条指令对应着一种基本操作。由于计算机只能识别二进制数，所以指令也必须用二进制形式来表示，称为指令的机器码或机器指令。指令书写时采用助记符来表示。

MCS-51 单片机指令系统共有 33 种功能，42 种助记符，111 条指令。

MCS-51 单片机指令系统包括 111 条指令，按功能可以划分为五类：数据传送指令（28 条）、算术运算指令（24 条）、逻辑运算指令（25 条）、控制转移指令（17 条）、位操作指令（17 条）。

1.3.4　MCS-51 单片机常用开发工具及使用

单片机芯片只有烧录了程序机器码，构建了工作系统，才能按程序实现功能进行工作，需要有源程序编辑、编译、调试、仿真软件、烧录软件及硬件开发系统等开发平台。

1. 案例：应用 Keil μVision2 开发软件，编辑、编译、调试 LED 闪烁程序

1) 启动

用鼠标左键双击![Keil uvision2]图标，进入图 1-14 所示界面。

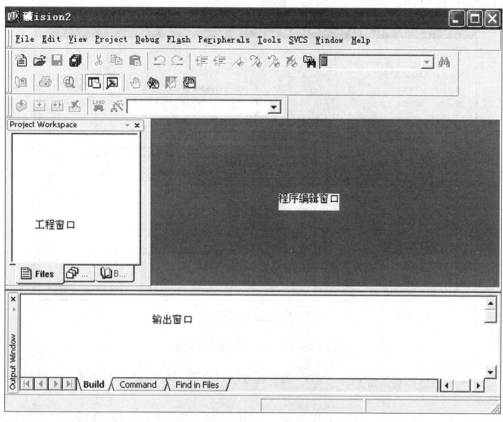

图 1-14　Keil μVision2 工作界面

2) 建立项目

（1）建立新项目。在 Keil μVision2 IDE 中，按项目方式组织文件，C51 源程序、头文件等都放在项目文件（又称工程文件）中统一管理。

①单击"Project"（项目）菜单，在弹出的下拉菜单中，选择"New Project"（新建项目）选项，弹出图 1-15 所示的"Creat New Project"（创建新项目）对话框。

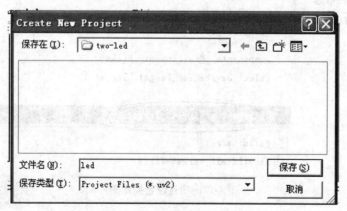

图 1-15　"Creat New Project"（创建新项目）对话框

②在新建项目对话框中，选择保存文件位置（如 C 盘 two-led 文件夹）和命名文件名称（如 led），文件类型默认为 *.uv2，单击"保存"按钮。

③保存项目文件后，在弹出的如图 1-16 所示对话框左侧 date base 栏，选择 Atmel 公司的 AT89C51 单片机型号，单击"确定"按钮。

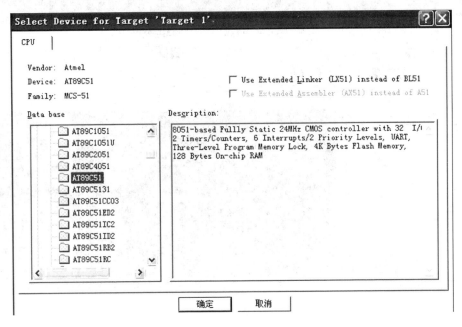

图 1-16　单片机内核选择对话框

（2）设置项目。建立项目文件后，通常要对项目文件进行设置，才能够对源程序进行编译等操作。

①如图 1-17 所示，在项目工作界面上点击菜单"Project"，选"Options for Target 'Target 1'"，或选择工具条上 图标，弹出图 1-18 所示项目设置界面。

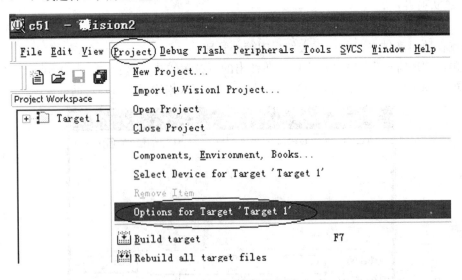

图 1-17　项目设置操作图

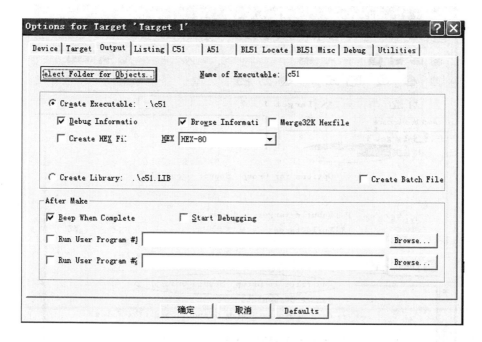

图 1-18　项目设置界面

②项目设置界面上部有多个选项卡，大多保留默认设置即可，一般只要设置"Target"、"Output"选项卡。"Target"选项卡的 Xtal 项设置与系统相符的参数（如 12MHZ）。"Output"选项卡，在"Creat HEX file"前的复选框内打"√"；在"HEX"后的文本框中选择"HEX-80"；在"Browse Information"前的复选框内打"√"。

3) 编辑源程序文件

①在项目工作界面，点击"File"（文件）菜单，选中"new"（新建）选项，打开新建源程序文件编辑窗口。

②点击"File"菜单，选中"Save as"（保存）选项，弹出保存文件对话框，在文件名栏输入自定义的文件名（如 led.c）。注意：必须输入正确的扩展名，如果用 C 语言编写程序，则扩展名必须为 .c；如果用汇编语言编写程序，则扩展名必须为 .asm。选择与项目文件一致的文件夹（如 C 盘 two-led 文件夹），单击"保存"按钮保存程序文件。

③回到编辑界面后，如图 1-19 所示。在项目窗口单击"Target1"前面"＋"号，然后在"Source Group 1"上右击，在弹出菜单项单击"Add files to Group 'Source Group 1'"。最后在弹出的对话框文件类型栏选 .c，在前面保存源程序的文件夹（C 盘 two-led 文件夹）找到要添加的源程序文件（如 led.c），单击"add"（添加）按钮，将源程序文件添加到项目，添加后的效果如图 1-20 所示。

④在源程序编辑窗口输入如下的 C 语言源程序，输入完后再保存一次文件。程序输入后效果如图 1-21 所示。

图 1-19　添加源程序到项目

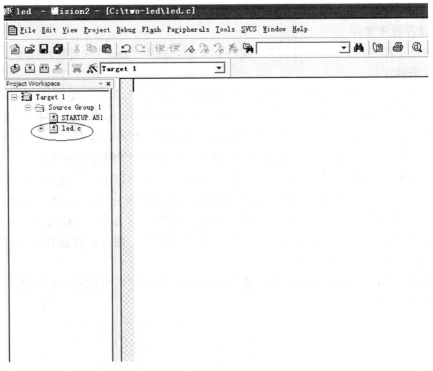

图 1-20　添加源程序后的效果图

```c
#include<reg51.h>
void delay(unsigned int time)
{
    unsigned int i;
    unsigned char j;
    for(i=0;i<time;i++)
    for(j=0;j<120;j++)
    ;
}
main(  )
{
    while(1)
    {
        P1=0xf0；
        delay(2000)；
        P1=0x0f；
        delay(2000)；
    }
}
```

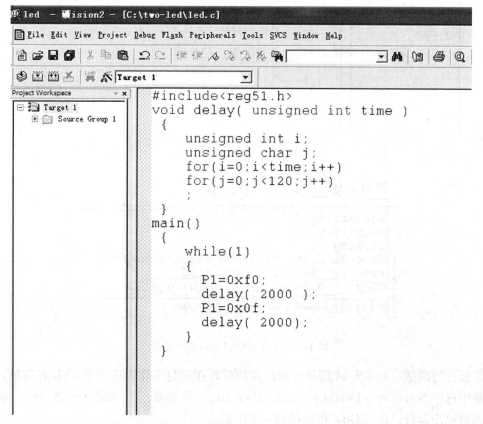

图 1-21　程序输入后的效果图

4) 编译、调试和运行

①编译。如图 1-22 所示，添加源程序到项目后，在项目工作界面点击 Project 菜单，在下拉菜单中选中 Translate，将编译当前文件；选中 Build target，将编译当前文件并生成应用；选中 ReBuild all target file，将重新编译所有文件并生成应用（也可在工具条上分别选中 🌣、🛠、🛠）。在输出窗口观察有无语法错误（0 Error（s）），编译成机器码（如 Greating hex file　form "led"），如图 1-23 所示。

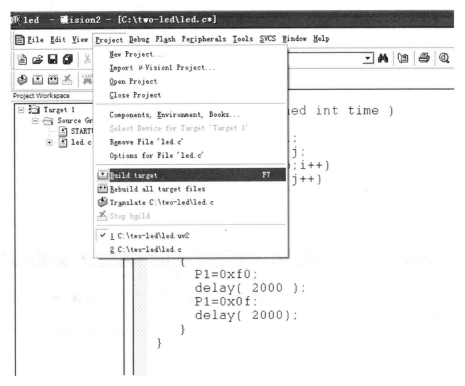

图 1-22　编译方式选择

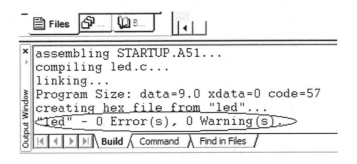

图 1-23　编译后输出窗口的效果图

②运行与调试。如图 1-24 所示，编译成功后，在项目工作界面点击 Debug 菜单，在下拉菜单中选中 Start/Stop Debug session。选择 step，将单步运行调试；选择 step over，将跳过函数单步运行；选择 Go，将运行到一个中断。

如图 1-25 所示，单击 View 菜单，在弹出的下拉菜单中，选择 Watch & Call stack windows，观察堆栈窗口；选择 memory，观察内存窗口；在 Address 栏选择存储空间类型（C、

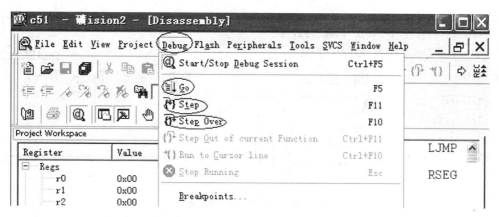

图 1-24　选择调试运行方式

D、I、X）及地址（如：C：00010），观察指定空间（如 ROM 中 10H）的内容。

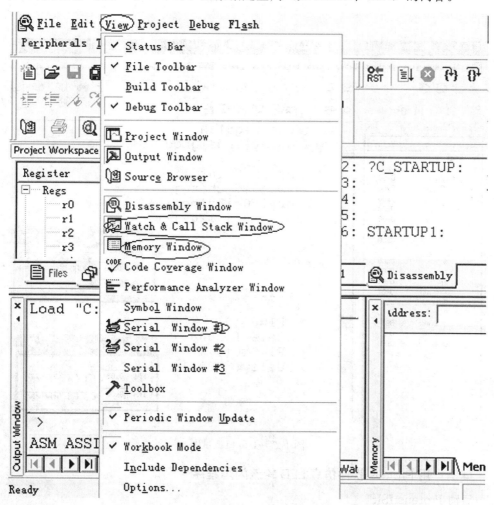

图 1-25　选择调试观察窗口

如图 1-26 所示，进入调试模式后，单击 Peripherals 菜单，在弹出的下拉菜单中，选择
Interrupt、I/O Port、Time、Serial 可以打开中断、I/O 口、串行口、定时器的设置观察窗
口，进行设置和观察，方便调试。

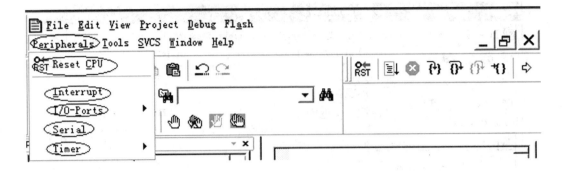

图1-26 选择外围模拟资源图

例如，编译LED闪烁程序led.c后，在Peripherals菜单中，I/O Port打开P1观察窗口，选择在debug菜单中选择step（单步运行），将在P1端口观察到程序运行时的执行结果。如图1-27所示。

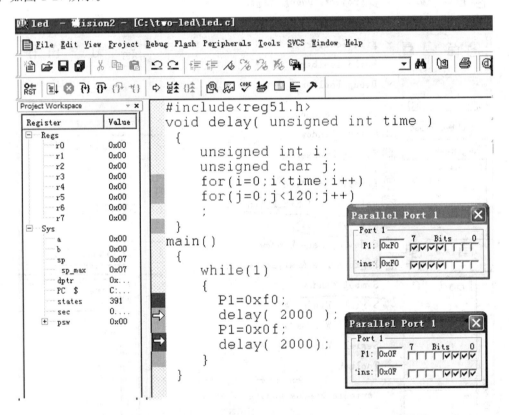

图1-27 I/O口调试图

2. 案例：用Proteus软件仿真LED轮流闪烁程序

1) 启动Proteus ISIS

双击桌面上的ISIS 6 Professional图标，或者单击屏幕左下方的"开始"→"程序"→"Proteus 6 Professional"→"ISIS 6 Professional"，出现启动屏幕，进入如图1-28所示的Proteus ISIS集成环境。

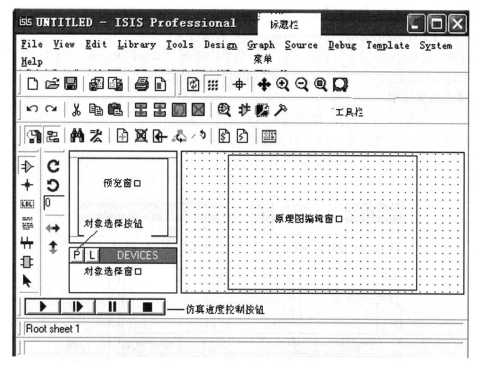

图 1-28　Proteus ISIS 集成环境

2) 文件管理

①建立文件。单击"file"菜单，在下拉菜单中选择"New Design"，弹出设计纸张对话框，选择纸张（例如 landscape A4），进入如图 1-29 所示设计工作环境。

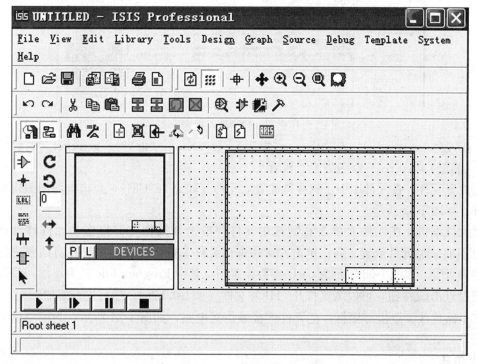

图 1-29　Proteus 设计工作环境图

②保存文件。单击"file"菜单，在下拉菜单中选择"Save Design As"，弹出保存路径对话框，填写文件名和选择路径，点击保存按钮将保存文件。

③打开文件。单击"file"菜单，在下拉菜单中选择"Load Design"，弹出寻找路径对话框，找到待打开的设计文件，点击打开按钮将打开文件。

3) 建立仿真模型

①建立元件库。选择设计工作环境界面工具箱上 component（元件选取工具）图标，如图 1-30（a）所示，点击对象选择器的 p 按钮（pick Devices），元件如图 1-30（b）所示，在打开的对话框 keyword 文本框中，输入要找的元件（如 AT89C51），在备选对象中选择元件（如 AT89C51），点击 OK，元件将添加到库文件库，如图 1-31 所示。

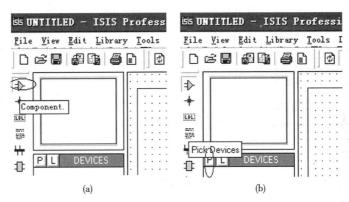

图 1-30 建立电路仿真元件库窗口

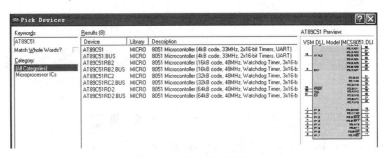

图 1-31 添加库元件图

常用元件 keyword 是：resististors（电阻）、capacitors（电容）、genleect（电解电容）、crysta（晶振）、led-red（红色发光二极管）。

②放置元件。在元件库中，选择待放置的元件（如 AT89C51），点击电路图编辑窗口放置元件，如图 1-32 所示。

③元件编辑。在元件上单击右键选中元件，单击并按住左键将拖动元件移动；选择 C C 工具将调整元件放置方向；单击左键将弹出元件参数设置对话框，在对话框进行参数和序号设置等。如图 1-33 所示为 CPU 参数设置图。其中 Program File 栏为添加 . HEX 文件项，通过点击 按钮，可以浏览打开 . HEX 文件（如 led. hex），然后进行添加。

④电路连线。点击 图标，把元件连接成仿真电路，如图 1-34 所示，为简单仿真电路模型。

4) 仿真

点击 ▶ ▶ ▌▌ ■ 工具图标，然后进行运行、暂停、停止仿真，可以观察仿真效果。

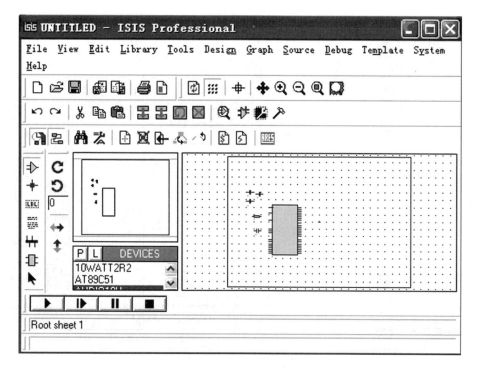

图 1-32 放置仿真元件

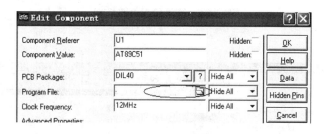

图 1-33 CPU 参数设置

3. 案例：用 ISP 并口方式，固化 LED 轮流闪烁程序

1) 并口方式固化程序

单片机下载工具和软件，目前常用的有周立功编程器、伟福编程器、ISP 下载等，通过它们，可实现把编译成的机器码烧录到单片机芯片或程序存储器中。

①硬件连接。P1 端口作下载端口，连接下载线到计算机的并口，接通电源。

②下载软件的设置。运行下载软件，选用 AT89C51 单片机芯片，检测芯片及初始化，界面如图 1-35 所示。

编程器类型选择为 EASY isp 下载线，如图 1-36 所示进行设置。

③下载固化程序。点击"打开文件"菜单，浏览文件位置，打开 LED. Hex 文件，如图 1-37 所示，然后点击"自动完成"，将 LED 闪烁程序的机器码固化到单片机芯片。

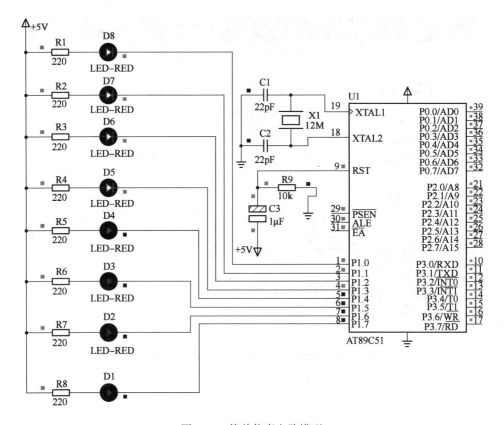

图 1-34　简单仿真电路模型

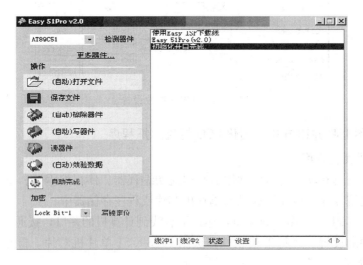

图 1-35　下载软件开始界面

2) USB 转串口方式固化程序

有的 51 内核单片机，可以用串口方式下载软件，USB 转串口线价格低廉，现在广泛应用于单片机程序下载与调试中，下载步骤与并口下载相同。

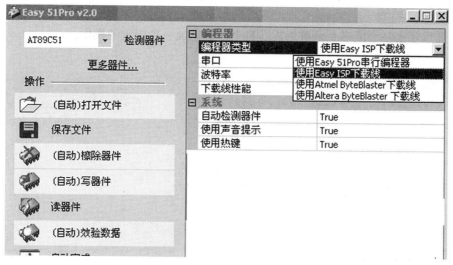

图 1-36　EASY isp 下载线的设置

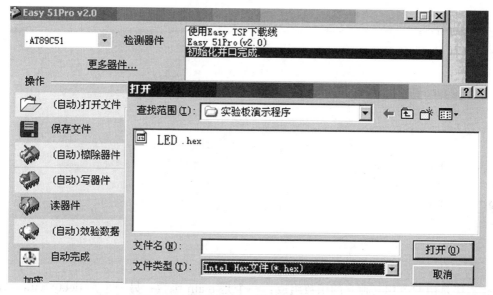

图 1-37　打开烧录文件

1.3.5　Keil C51 程序设计

Keil C51 是美国 Keil Software 公司出品的与 51 系列兼容的单片机 C 语言软件开发系统。Keil C51 以软件包的形式向用户提供了丰富的库函数和功能强大的集成开发调试工具，生成的目标代码效率高。与汇编语言相比，C51 在功能上、结构性、可读性、可维护性上有明显的优势。

用 C 语言编写单片机应用程序，与标准的 C 语言程序在语法规则、程序结构及程序设计方法等方面基本相同，虽然不用像汇编语言那样必须具体组织、分配存储器资源和处理端口数据，但在 C51 语言编程中，对数据类型与变量的定义，必须要与单片机的存储结构相关联，否则编译器不能正确地映射定位。

1. C51 程序结构

C51 源程序由一个或多个函数组成，每个函数完成一种指定的操作。

例如：

```
#include <reg51.h>   //头文件包含
/*********** 延时函数 *************/
  void delay(unsigned int   time)   //定义延时函数
    {
        unsigned int   i,j;   //定义变量 i,j
        for(j=0;j<time;j++)
        for(i=0;i<258;i++)
        ;   //空语句
    }
/*********** 主函数 ************/
  main(   )
  {
  unsigned int i;
  unsigned char led_val;
  while (1)
  {
      led_val=0x01;
      for(i=0;i<8;i++)
      {
          P0=~led_val;
          delay(100);
          led_val<<=1;
      }
  }
  }
```

该程序是由两个相互独立的函数组成：一个是 main 函数；另一个是 delay（int   time）函数。main 函数调用延迟函数，实现在 P0 口每隔一定时间轮流输出低电平。可以看出，该程序实现了控制发光二极管按一定时间轮流显示的功能。

从上述程序可以看出，C51 程序的基本结构如下。

①C51 程序由函数构成。函数是构成 C51 程序的基本单位，每个 C51 程序由一个或多个函数组成，必须有且只有一个名为 main 的主函数。

②每个函数的基本结构如下：

```
函数名(   )
{
    语句 1；
    ......
    语句 n；
}
```

有的函数在定义时，函数名前面有返回值类型，函数名后面（）里有形式参数；{} 内由若干语句组成的函数体，每个语句必须以 ";" 结束。

③各函数相互独立，程序的执行总是从主函数开始。

2. 数据类型

1) 标识符与关键字

C 语言中的标识符用来表示源程序中某个对象的名字，作为变量名、函数名、数组名、类型名或文件名，它由一个字符或多个字符组成。标识符的第一个字符必须是字母或下划线，随后的字符必须是字母、数字或下划线，例如 coun_t1。标识符的长度一般不多于 32 个字符。程序中标识符的命名应当简洁明了、含义清晰，便于阅读理解，同时注意区分字母的大小写。

关键字是一种具有固定名称和特定含义的标识符。关键字又称保留字，因为这些标识符系统已经做了定义，用户不能将关键字用作自己定义的标识符。ANSI C 标准一共规定了 32 个关键字，如表 1-10 所示。C51 根据 8051 单片机扩展的关键字，如表 1-11 所示。

表 1-10 ANSI C 标准关键字

关 键 字	用 途	说 明
auto	存储种类声明	用以声明局部变量，默认值为此
break	程序语句	退出最内层循环体
case	程序语句	switch 语句中的选择项
char	数据类型声明	单字节整型数或字符型数据
const	存储类型声明	在程序执行过程中不可修改的变量值
continue	程序语句	转向下一次循环
default	程序语句	switch 语句中的失败选择项
do	程序语句	构成 do…while 循环结构
double	数据类型声明	双精度浮点数
else	程序语句	构成 if…else 选择结构
enum	数据类型声明	枚举
extern	存储种类声明	在其他程序模块中声明了的全局变量
float	数据类型声明	单精度浮点数
for	程序语句	构成 for 循环结构
goto	程序语句	构成 goto 转移结构
if	程序语句	构成 if…else 选择结构
int	数据类型声明	基本整型数
long	数据类型声明	长整型数
register	存储种类声明	使用 CPU 内部寄存器的变量
return	程序语句	函数返回
short	数据类型声明	短整型数
signed	数据类型声明	有符号数，二进制数据的最高位为符号位
sizeof	运算符	计算表达式或数据类型的字节数
static	存储种类声明	静态变量

关　键　字	用　　　途	说　　　明
struct	数据类型声明	结构类型数据
switch	程序语句	构成 switch 选择结构
typedef	数据类型声明	重新进行数据类型定义
union	数据类型声明	联合类型数据
unsigned	数据类型声明	无符号数据
void	数据类型声明	无类型数据
volatile	数据类型声明	声明该变量在程序执行中可被隐含地改变
while	程序语句	构成 while 和 do…while 循环结构

表 1-11　C51 编译器的扩展关键字

关　键　字	用　　　途	说　　　明
_ at _	地址定位	为变量进行存储器绝对空间地址定位
alien	函数特性声明	用以声明与 PL/M51 兼容的函数
bdata	存储器类型声明	可位寻址的 8051 内部数据存储器
bit	位变量声明	声明一个位变量或位类型的函数
code	存储器类型声明	8051 程序存储器空间
compact	存储器模式	指定使用 8051 外部分页寻址数据存储器空间
data	存储器类型声明	直接寻址的 8051 内部数据存储器
idata	存储器类型声明	间接寻址的 8051 内部数据存储器
interrupt	中断函数声明	定义一个中断服务函数
large	存储器模式	指定使用 8051 外部数据存储器空间
pdata	存储器类型声明	分页寻址的 8051 外部数据存储器
_ priority _	多任务优先声明	规定 RTX51 或 RTX51 Tiny 的任务优先级
reentrant	重入函数声明	定义一个重入函数
sbit	位变量声明	声明一个可位寻址变量
sfr	特殊功能寄存器声明	声明一个 8 位的特殊功能寄存器
sfrl6	特殊功能寄存器声明	声明一个 16 位的特殊功能寄存器
small	存储器模式	指定使用 8051 内部数据存储器空间
_ task _	任务声明	定义实时多任务函数
using	寄存器组定义	定义 8051 的工作寄存器组
xdata	存储器类型声明	8051 外部数据存储器

2) 数据类型

数据是计算机的操作对象与处理的基本单元，我们把数据的不同格式称为数据类型。在 C51 中扩展了数据类型：位型（bit/sbit）、特殊功能器数据类型（sfr/sfr16）。其余数据类型 char、int、long、float、enum、指针型等与标准 C 相同，如表 1-12 所示。它还支持构造数据类型。

表 1-12　Keil C51 的基本数据类型

数 据 类 型	长　　度	数 据 范 围
unsigned char	单字节	0～255
signed char	单字节	-128～127
unsigned int	双字节	0～65536
signed int	双字节	-32768～32767
unsigned long	4 字节	0～4294967295
signed long	4 字节	-2147483648～2147483647
float	4 字节	±1.175494E-38～±7.402823E+38
*	1～3 字节	对象的地址
bit	位	0 或 1
sfr	单字节	0～255
sfrl6	双字节	0～65536
sbit	位	0 或 1

bit 是 C51 编译器的一种扩充数据类型，用它可定义一个位变量，但不能定义位指针和位数组。如 "bit * p;"、"bit [4];" 是错误的。它的取值是一个二进制位，不是 0 就是 1。

sbit 也是 C51 特有的数据类型，用它可从字节中定义一个位寻址对象，来访问片内 RAM 中的可寻址位或特殊功能寄存器中的可寻址位。

sfr 数据类型用来定义单片机内部 8 位的特殊功能寄存器，占用一个内存单元，值的范围为 0～255。

sfr16 类型用来定义 16 位的特殊功能寄存器。占用两个内存单元，取值范围为 0～65535。

int 类型为整型数据，占 2 个字节。long int 为长整型数据类型，占 4 个字节。数据在存储单元存放时，高字节存放在低地址，低字节存放在高地址。

unsigned int、unsigned long 为无符号整型数据类型和无符号长整型数据类型。在存储单元中，二进制位全表示存放数本身。signed int 表示带符号整型数据类型，用 msb 位作符号标志位，数值用二进制补码表示。

Char 为字符型数据类型，占 1 个字节。signed char 为带符号字符型数据类型，高位为符号位，数值用补码表示。unsigned char 为无符号字符型数据类型，8 位全为数据本身。

Float 为浮点型数据类型，长度为 32 位，占 4 个字节。

* 为指针型数据类型。在 C51 中，指针变量的长度一般为 1～3 个字节。它也有类型之分，如 "char * point"；表示 point 是一个字符型指针变量。使用指针型变量，可以方便对物理地址直接进行操作。

3. 数据类型转换

C51 在进行运算时，不同类型的数据要先转换成同一类型，然后才能运算。数据类型的转换可分为以下两种。

(1) 自动转换。当运算对象为不同类型时，按 "向高看齐" 的一致化规则进行，即类型级别较低以及字长较短的一方，转换为类型级别较高的一方的类型。具体类型转换规则如图 1-38 所示。

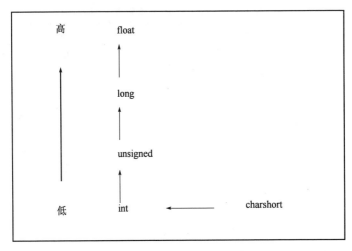

图 1-38　数据类型转换规则图

（2）强制转换。利用强制类型转换运算符，将一个表达式转换成所需类型，一般形式为：

（类型标识符）表达式

例如，（int）（x＋y）　　//将 x＋y 的值转换成整型

对一个变量进行强制转换后，得到一个新类型的数据，但原来变量的类型不变。

4. 常量和变量

1）常量

数据有常量和变量之分。常量是指在程序运行过程中，其值不能改变的量。常量包括整型、浮点型、字符型、字符串型和位常量和符号。常量用于不必改变值的场合，如固定的数据表、字库等。

（1）整型常量。整型常量有十进制整数，如 122、－4 等；十六进制整数，以 0x 开头，如 0x235 等；长整数常量是在数字后面加一个字母 L 表示，如 1345L 等。

（2）浮点型常量。浮点型常量有十进制形式和指数形式两种表示形式。十进制表示形式又称定点表示形式，由数字和小数点组成，如 0.314 等。这种形式，如果整数或小数部分为 0，可以省略不写，但小数点必须写，如 10.、.11 等。指数形式由整数部分、尾数部分和指数部分组成。指数部分用 E 或 e 开头，幂指数可以为负，如 5e－2 表示 5×10^{-2}。

（3）字符型常量。字符型常量是用一对单引号括起来的单个字节。如 'a'、'c' 等。在 C51 中字符是按所对应的 ASCII 码值来存储的，一个字符占 1 个字节。

（4）字符串型常量。字符串型常量是用一对双引号括起来的一串字符，如 "CDEF"、"1234" 等。它在内存中存储时，自动在字符串的末尾加一个串结束标志（\0），因此，如果字符数为 n，则它在内存中占有 $n+1$ 个字节。字符串常量首尾的双引号，起定界作用，当需要表示双引号字符时，可用双引号转义字符（"\"）来表示。

字符串常量与字符常量是不同的。它们的表示形式不同，在存储时也不同。例如字符 'A' 只占 1 字节，而字符串常量 "A"，占 2 个字节。

（5）位常量。位常量是一位二进制数 0 或 1。

（6）符号常量。将程序中的常量定义为一个标识符，称为符号常量，一般使用大写英文字母表示。其定义形式为：

#define <符号常量名> <常量>

例如，#define　PI　3.14

这条预处理命令定义了一个符号常量PI，它的值为3.14。

2) 变量

变量是指在程序运行过程中，其值能改变的量。变量数据类型可以选用C51所有支持的数据类型。但是，只有bit和unsisgned char两种数据类型，可以直接支持机器指令，而其他都要经过复杂的变量类型和数据类型的处理，导致程序编译效率低、运行速度慢。

C51中变量有全局变量和局部变量之分，全局变量是在函数外部定义的变量。它可以被多个函数共同使用，其有效作用范围是从它定义的位置开始到整个程序文件结束。如果全局变量定义在一个程序文件的开始处，则在整个程序文件范围内都可以使用它。如果一个全局变量不是在程序文件的开始处定义的，但又希望在它的定义点之前的函数中引用它，这时应在引用该变量的函数中用关键字extern将其说明为"外部变量"。另外，如果在一个程序模块文件中，引用另一个程序模块文件中定义的变量时，也必须用extern进行说明。局部变量是函数中定义的变量，只能在本函数中使用它。

程序中使用变量必须"先定义后使用"，在C51程序设计中，定义一个变量的格式如下：

　　　　〔存储种类〕　数据类型　〔存储器类型〕　变量名；

其中方括号内的内容为可选项，数据类型和变量名不能省略。

①数据类型是指前面介绍的C51编译器所支持的各种数据类型。指定了数据类型后，编译器才能为才能为变量分配合适的内存空间。指定数据类型时要使变量的数值范围与数据类型表示数据范围相对应。在程序中应尽可量使用无符号字符变量和位变量。

②变量名为变量的标识。要按前面的介绍使用合法的标识符。

③存储器数据类型是说明数据在单片机的存储区域情况，为变量选择了存储器类型，就是指定了它在MCS-51单片机中使用的存储区域。如表1-13所示，Keil C51编译器能识别的存储器类型有DATA、BDATA、IDATA、PDATA、XDATA、CODE几种。

表1-13　存储器类型

存储器类型	与物理存储空间的对应关系
DATA	直接寻址片内数据存储器的低128B，访问速度快
BDATA	DATA区中可位寻址区域20H~2FH（16B），允许位与字节混合访问
IDATA	间接寻址片内数据存储区（256B），可访问片内全部RAM空间
PDATA	外部数据存储区的开头256B，通过P0端口的地址对其访问
XDATA	片外数据存储区（64KB），通过DPTR访问
CODE	程序存储区（64KB），通过DPTR访问

如果省略变量或参数的存储类型，系统将按照编译器选择的存储模式指定默认存储器类型。

small模式：存储器类型为data，空间最小，速度快。

compact模式：存储器类型为pdata，空间与速度在中间状态。

large模式：存储器类型为xdata，空间最大，速度最慢。

④存储种类是指变量在程序执行过程中的作用范围。C51变量的存储种类有自动变量

（auto）、外部变量（extern）、静态变量（static）、寄存器变量"register" 4 种。

a. auto 自动存储类。指定被说明的对象放在内存的堆栈中，在 C51 中，把函数中说明的内部变量指针，以及函数参数表中的参数都放在堆栈中，它们随着函数的进入而建立，随着函数的退出而自动被放弃。在函数中被说明的局部变量，凡未加其他存储类说明的变量都是 auto 存储类，每次函数被调用时，都要重新在堆栈中分配，位置一般不同。

b. register 寄存器存储类。指将变量放在 CPU 的寄存器中，以求高速处理，一般不推荐使用。

c. extern 外部存储器类。在 C51 中，定义在所有函数之外的变量都是全局变量，编译时分配存储空间，其作用域为从定义点开始到本文件末尾。不带存储类别的外部变量说明称为变量的定义性说明，此时，相应的变量有对应的存储空间；而带有存储类别的外部变量说明称为变量的引用性说明，它不另外占据内存空间。在多个文件程序中，允许其他文件的函数引用在另一个文件中定义的全局变量，应该在需要引用它的文件中用 extern 作说明。

d. static 静态存储类。在函数内部使用 static 对变量进行说明后，静态存储变量的存储空间在程序的整个运行期间是固定的；在函数每次被调用的过程中，静态内部变量的值具有继承性。如果在定义内部静态变量时不赋初值，则编译时自动赋值 0（对数值型变量）或空字符（对字符变量）。内部静态变量在程序中全程存在，但只在本函数内可取值，这样使变量在定义它的函数外部被保护。

3）特殊功能寄存器变量

在 C51 中，允许用户对单片机片内的特殊功能寄存器进行访问，访问时必须通过 sfr 或 sfr16 数据类型说明符进行定义，定义时指明它们所对应的片内 RAM 单元的地址，使定义后特殊功能寄存器变量与 51 单片机的 SFR 对应。特殊功能寄存器变量定义格式如下：

sfr 8 位特殊功能寄存器名＝特殊功能寄存器字节地址常数；

sfr16：16 位特殊功能寄存器名＝特殊功能寄存器字节地址常数；

例如，sfr　P0＝0x80；　　// P0 口的地址是 80H。

sfr16　DPTR＝0x82；　　// DPTR 的地址是 80H。

4）位变量

在 C51 中，允许用户通过位类型符定义位变量。位类型符有两个：bit 和 sbit。可以定义两种位变量。

bit 位类型符用于定义一般的可位处理位变量。它的定义格式如下：

　　　　bit 位变量名；

位变量的存储器类型只能是 bdata、data、idata。即位变量的空间只能是片内 RAM 的可位寻址区 20H～2FH，严格来说只能是 bdata。

例如：bit data　　a1；　　　　/＊正确＊/

　　　bit bdata　　a2；　　　　/＊正确＊/

　　　bit pdata　　a3；　　　　/＊错误＊/

　　　bit xdata　　a4；　　　　/＊错误＊/

sbit 位类型符用于定义可位寻址字节或特殊功能寄存器中的位，定义时必须指明其位地址，可以是位直接地址，可以是可位寻址变量带位号，也可以是特殊功能寄存器名带位号。定义格式如下：

　　　　sbit 位变量名＝位地址常数；

例如，sbit CY＝0Xd7；

      sfr   P1＝0x90；

      sbit   P10＝P1^0；

在 C51 中，为了用户处理方便，C51 编译器把 MCS-51 单片机常用的特殊功能寄存器和特殊位进行了定义，放在 reg51.h 的头文件中，当用户使用时，用 ♯include＜reg51.h＞预处理命令，把头文件包含到程序中，然后就可以使用这些特殊功能寄存器和特殊位。

5. 运算符与表达式

运算符是一种程序记号，当它作用于操作数时，可以产生某种运算。操作数可以是常量、变量或函数，表达式是由运算符及运算对象所组成的具有特定含义的式子。

按运算符在表达式中所起的作用可分为：算术运算符、关系运算符、增量与减量运算符、赋值运算符、逻辑运算符、位运算符、复合赋值运算符、逗号运算符、条件运算符、指针和地址运算符和 sizeof 运算符等。

按照表达式中运算符与操作数之间的关系，又可把运算符分为单目运算符、双目运算符和三目运算符。

1) 算术运算符和表达式

算术运算符和表达式如表 1-14 所示。

表 1-14　算术运算符和表达式

运算符	功能	举例	说　　明
＋	加	x＋y	求 x 与 y 的和
－	减	x－y	求 x 与 y 的差
＊	乘	x＊y	求 x 与 y 的积
/	除	x/y	求 x 与 y 的商
%	取模	x%y	求 x 除以 y 的余数
－	取负运算	－x	取 x 的负数

用算术运算符将运算对象连接起来的式子称为算术表达式。

算术运算符的优先级如表 1-15 所示。当运算符的优先级相同时，按照从左向右的顺序进行计算。可以使用圆括号帮助限定运算顺序，不能使用方括号与花括号。可以使用多层圆括号，但左右必须配对，运算时从内到外依次计算表达式的值。

表 1-15　算术运算符的优先级

优先级	运算符	结合性	优先级
1	－		高
2	＊、/、%	从左到右	↑
3	＋、－	从左到右	低

2) 自增、自减运算符

自增、自减运算符如表 1-16 所示。自增运算符（＋＋）、自减运算符（－－）只能用于变量，而不能用于常量或表达式，例如，6＋＋是不合法的。＋＋和－－的结合方向是"自右至左"。例如，－i＋＋，相当于－（i＋＋）。

表 1-16　自增、自减运算符

运算符	功　能	例子（若 i=3）	结　果
++i	使用 i 之前先使 i 的值加 1	j＝++i	j 为 4，i 为 4
−−i	使用 i 之前先使 i 的值减 1	j＝−−i	j 为 2，i 为 2
i++	使用 i 之后先使 i 的值加 1	j＝i++	j 为 3，i 为 4
i−−	使用 i 之后先使 i 的值减 1	j＝i−−	j 为 3，i 为 2

常用于循环语句中，使循环变量自动加 1；也用于指针变量，使指针指向下一个地址。

3) 关系运算符与关系表达式

关系运算符用于对两个运算量进行比较。C51 关系运算符，如表 1-17 所示。用关系运算符将运算符左边的操作数与右边操作数连接起来，称为关系表达式。在进行关系运算时，运算的结果为"真"（1）或为"假"（0）。关系运算符的优先级如表 1-17 所示。

表 1-17　关系运算符及功能

运算符	功能	举例	结果	优先级
<	小于	2 < 9	真	高
<＝	小于等于	2 <＝9	假	} 相同
>	大于	2 > 9	假	
>＝	大于等于	2 >＝9	假	
!＝	不等于	2 !＝9	真	} 相同
==	等于	2==9	假	低

4) 逻辑运算符和逻辑表达式

C51 逻辑运算符，如表 1-18 所示。"&&"与"‖"是双目运算符，它要求有两个运算量（操作数）。"!"是单目运算符，只要求有一个操作数。

表 1-18　逻辑运算符及功能

运算符	功　能	优先级
!	逻辑非（相当于 NOT）作用后真变为假，假变为真	高
&&	逻辑与（相当于 AND）当且仅当两个条件同时为真时结果为真	↑
‖	逻辑或（相当于 OR）当且仅当任一个条件为真时结果为真	低

使用逻辑运算符将关系表达式或逻辑量连接起来，称为逻辑表达式，表 1-19 给出了 a 和 b 的值为不同组合时的运算结果。

表 1-19　a 和 b 的值为不同组合时的运算结果

a	b	! a	! b	a&&b	a‖b
0	0	1	1	0	0
0	1	1	0	0	1
1	0	0	1	0	1
1	1	0	0	1	1

逻辑运算符的优先级，如表 1-18 所示。

5) 赋值运算符与赋值表达式

赋值运算符的作用是将右边的表达式赋给左边的变量，用赋值运算符将一个变量与一个表达式连接起来的式子称为赋值表达式。

（1）赋值符号。"＝"就是赋值运算符，赋值表达式的一般形式为：

变量名＝表达式；

赋值符号"＝"不同于数学中使用的等号，它没有相等意义，例如，y＝y＋1；的含义是取出 y 的变量中的值加 1 后，再存入 y 中去。一个表达式中，可出现多个赋值运算符，其运算顺序是从右到左结合，例如，a＝b＝2＋5；相当于 a＝（b＝2＋5）；赋值表达式。进行赋值运算时，当赋值运算符两边的数据类型不同时，将由系统自动进行转换成运算符左边的数据类型。

（2）复合赋值运算符。C51 可以在赋值运算运算符"＝"之前加上其他运算符，构成复合赋值运算，用以简化程序，提高编译的效率。其一般格式为：

变量　双目运算符＝表达式；

相当于：

变量　＝变量 双目运算符 表达式；

运算时，首先对变量进行某种运算，然后将运算的结果再赋给该变量。常用的复合运算符有：

＋＝：加法赋值，例如 a＋＝b 相当于 a＝a＋b；

－＝：减法赋值，例如 a－＝b 相当于 a＝a－b；

＊＝：乘法赋值，例如 a＊＝b 相当于 a＝a＊b；

/＝：除法赋值，例如 a/＝b 相当于 a＝a/b；

<<＝：左移位赋值，例如 a<<＝b 相当于 a＝a<<b；

>>＝：右移位赋值，例如 a>>＝b 相当于 a＝a>>b；

&＝：逻辑与赋值，例如 a&＝b 相当于 a＝a&b；

%＝：取模赋值，例如 a%＝b 相当于 a＝a%b；

∧＝：逻辑异或赋值，例如 a∧＝b 相当于 a＝a∧b；

凡是双目运算符，都可以与赋值符一起组成复合赋值运算符，它的优先级具有右结合性。

6）位运算符

C51 中共有 6 种位运算符，能对运算对象进行位操作，如表 1-20 所示。

表 1-20　位运算符及含义

位运算符	含义	举例				优先级
		a 的取值	b 的取值	位运算	结果	
～	取反	0x12		～a	0xed	高
<<	左移	0x12		a<<1	0x24	↑
>>	右移		0x21	b>>1	0x10	
&	按位与	0x12	0x21	a&b	0x00	
∧	按位异或	0x12	0x21	a∧b	0x33	
|	按位或	0x12	0x21	a|b	0x33	低

7）逗号运算符与表达式

逗号运算符的作用是把几个表达式连接起来，成为逗号表达式，它的一般形式为：

表达式 1，表达式 2，…，表达式 n；

在运算时，按从左到右的顺序，依次计算出各表达式的值，整个逗号表达式的值就是最右边表达式的值。例如，x＝（y＝4，z＝6，y＋3）；将括号中的逗号表达式的值赋给 x，其结果 x＝7（y 赋值 4，z 赋值 6）。使用逗号运算符一次可完成几个赋值语句，由于逗号运算符的优先级最低，所以必须使用括号才能完成对 x 的赋值。

8) 条件运算符与表达式

它是 C51 语言一个独特的三目运算符。它是对 3 个操作数进行操作的运算符，用它将三个表达式连接构成一个条件表达式，它的一般形式是：

逻辑表达式? 表达式 1：表达式 2

运算符 "?" 作用是计算逻辑表达式，当值为真（1）时，将表达式 1 的值作为整个条件表达式的值；如果当逻辑表达式的值为假（0）时，将表达式 2 的值作为整个条件表达式的值。例如，y＝'a'＞'b'? 3：5；结果是赋给 y＝5，因为'a'＞'b'为假。

9) 指针和地址运算符

指针运算符 "＊" 为单目运算符。必须在操作数的左侧，运算结果为指针所指地址的内容，指针运算的一般形式为：

变量＝＊指针变量

指针变量只能存放地址，不能将一个整型量或任何其他非地址值赋给一个指针变量。取地址运算符 "&" 为单目运算符，必须在操作数的左侧，作用是求表达式的地址。一般形式为：

指针变量＝& 目标变量

表示将目标变量的地址赋给左边的指针变量。

主要运算符的优先级和结合性如表 1-21 所示。

表 1-21　运算符优先级列表

优先级	符 号	含 义	运算对象个数	结合方向
1	!	逻辑非运算符	单操作数	自右向左
	~	按位取反运算符		
	++	自增运算符		
	——	自减运算符		
	—	负号运算符		
	(类型)	类型转换运算符		
	*	指针运算符		
	&	取地址运算符		
	sizeof	长度运算符		
2	*	乘法运算符	双操作数	自左向右
	/	除法运算符		
	%	求余运算符		
3	+	加法运算符	双操作数	自左向右
	—	减法运算符		

优先级	符 号	含 义	运算对象个数	结合方向
4	<< >>	左移运算符 右移运算符	双操作数	自左向右
5	<、<=、>、>=	关系运算符	双操作数	自左向右
6	== !=	等于运算符 不等于运算符	双操作数	自左向右
7	&	按位与运算符	双操作数	自左向右
8	ˆ	按位异或运算符	双操作数	自左向右
9	|	按位或运算符	双操作数	自左向右
10	&&	逻辑与运算符	双操作数	自左向右
11	||	逻辑或运算符	双操作数	自左向右
12	?:	条件运算符	三操作数	自右向左
13	=、+=、-=、*= /=、%=、<<=、 >>=、&=、|=、ˆ=	赋值运算符	双操作数	自右向左
14	,	逗号运算符		自左向右

6. 绝对地址的访问

在 C51 中，可以使用存储单元的绝对地址来访问存储器。访问绝对地址的方法有三种。

1) 使用 C51 中的绝对宏

C51 编译器提供了一组宏定义来对 51 系列单片机的 code、data、pdata 和 xdata 空间进行绝对寻址。在头文件 absacc. h 中定义了 8 个绝对宏，函数原型如下：

＃define CBYTE（（unsigned char volatile code ＊）0）

＃define DBYTE（（unsigned char volatile data ＊）0）

＃define PBYTE（（unsigned char volatile pdata ＊）0）

＃define XBYTE（（unsigned char volatile xdata ＊）0）

＃define CWORD（（unsigned int volatile code ＊）0）

＃define DWORD（（unsigned int volatile data ＊）0）

＃define PWORD（（unsigned int volatile pdata ＊）0）

＃define XWORD（（unsigned int volatile xdata ＊）0）

其中，CBYTE 以字节形式对 code 区寻址，DBYTE 以字节形式对 data 区寻址，PBYTE 以字节形式对 pdata 区寻址，XBYTE 以字节形式对 xdata 区寻址，CWORD 以字形式对 code 区寻址，DWORD 以字形式对 data 区寻址，PWORD 以字形式对 pdata 区寻址，XWORD 以字形式对 xdata 区寻址。访问形式如下：

宏名［地址］

宏名为：CBYTE、DBYTE、PBYTE、XBYTE、CWORD、DWORD、PWORD 或 XWORD。

在程序中，使用预处理命令"＃include ＜absacc. h＞"后就可使用其中定义的宏来访问绝对地址。

例如：

```
#include <absacc.h>        /* 将绝对地址头文件包含在文件中 */
void  main(  )
    {
      unsigned char var1;
      unsigned int  var2;
      var1=XBYTE[0x0005]；    //利用 XBYTE[0x0005]访问片外 RAM 的 0005H 字节单元,取单元
内容赋值给变量 var1
      var2=XWORD[0x0002]；    //利用 XWORD[0x0002]访问片外 RAM 的 0002H 字单元
      ……
    }
```

2) 使用 C51 扩展关键字_ at_

使用 _ at _ 对指定的存储器空间的绝对地址进行访问，一般格式如下：

[存储器类型]   数据类型说明符   变量名   _ at _   地址常数；

例如，

```
data   char   x1 _at_ 0x40;   //在 data 区中定义字符变量 x1,它的地址为 40H
xdata   int   x2 _at_ 0x2000;   //在 xdata 区中定义整型变量 x2,它的地址为 2000H
xdata   char   x[2] _at_ 0x3000;   //在 xdata 区中定义数组 x,它的首地址为 3000H
```

使用时应注意：这种绝对地址定义的变量不能被初始化，bit 型函数及变量不能用 _ at _ 指定，使用 _ at _ 定义的变量必须为全局变量。

3) 通过指针访问

Keil C51 编译器允许使用者规定指针指向存储段，这种指针叫具体指针。采用具体指针的方法，可以实现在 C51 程序中对任意指定的存储器单元进行访问，而且能节省存储空间。

例如：

```
unsigned char data * p1;   //定义一个指向 data 区的指针 p1
p1=0x20;   //p1 指针赋值,使 p1 指向 pdata 区的 20H 单元
* p1=0x30;   //将数据 0x30 送到片外 RAM 的 20H 单元
```

7. C51 的控基本语句

语句是构成 C51 程序的最小单元，按功能分为表达式语句、空语句、复合语句、函数调用语句、控制语句等。

1) 表达式语句

表达式后面加一个分号";"就构成了一个语句。例如，语句"x=8;"，把 8 赋给变量 x。

2) 空语句

表达式语句仅由分号";"组成，它表示什么也不做。

3) 复合语句

由"{"和"}"把若干条变量说明或语句组合在一起，称之为复合语句。复合语句的一般形式为：

```
{
  语句 1;
```

```
    语句 2；
        ⋮
    语句 n；
}
```

复合语句在执行时，其中的各条单语句依次顺序执行。复合语句在语法上等价于一条单语句。

4）函数调用语句

由一个函数调用加上一个分号组成的语句，称为函数调用语句。例如：

Delay（）；　　//调用延迟函数的语句

5）控制语句

控制语句主要分为选择语句、循环语句、转向语句三类。

选择语句主要有 if 语句、switch 语句，循环语句主要有 while 语句、do-while（）语句、for 语句，转向语句主要有 break（中止执行 switch 或循环）语句、continue（结束本次循环）语句、goto 转向语句、return（从函数返回）语句。

8.C51 程序基本结构与控制语句

1）C51 程序基本结构

C 语言是一种结构化程序设计语言，以函数为基本单位，每个函数的编程都由若干基本结构组成。归纳起来 C51 与汇编程序设计一样有三种基本结构：顺序结构、选择结构和循环结构，如图 1-39 所示。

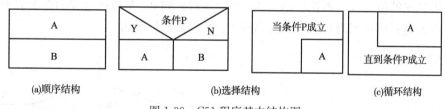

(a)顺序结构　　　　　(b)选择结构　　　　　(c)循环结构

图 1-39　C51 程序基本结构图

2）选择结构程序控制语句

通过选择结构，能够改变程序的执行路线，在程序的执行过程中，在某个特定的条件下完成相应的操作。能够实现选择流程控制的语句有：if、if-else、if-else if 语句和 switch-case 语句等。

（1）if 语句。C51 提供三种形式的 if 语句。

① if（表达式）语句，格式为：

if（表达式）

语句

如果表达式的值为真（非零的数），则执行 if 后的语句，否则跳过 if 后的语句。其执行过程如图 1-40 所示。

例如，下列程序

```
#include <reg51.h>
sbit P10=P1^0;
sbit P20=P2^0;
sbit P21=P2^1;
```

```
main(   )
{
  if(P10==1)
    {
      P20=0;
      P21=1;
    }
  if(P10==0)
    {
      P20=1;
      P21=0;
    }
}
```

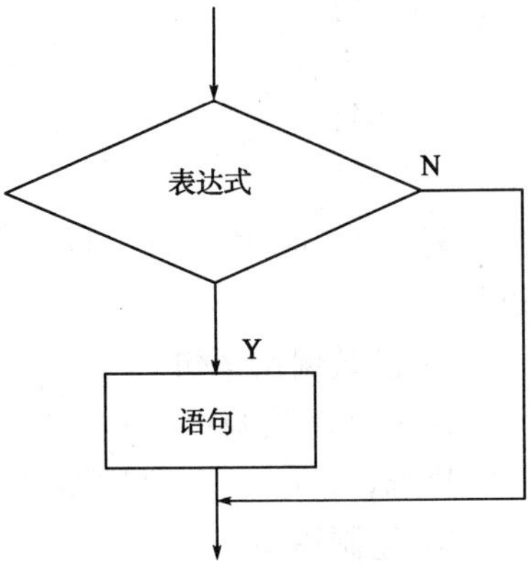

图 1-40　if 语句流程图

实现从 P1.0 口读取电平状态，如果 P1.0 电平状态为高电平，则 P2.0 输出低电平，P2.1 输出高电平；如果 P1.0 电平状态为低电平，则 P2.1 输出低电平，P2.0 输出高电平。

② if-else 形式，格式为：

if（表达式）

语句 1

else

语句 2

如果表达式的值为真，则执行语句 1，否则执行语句 2。其执行过程如图 1-41 所示。

当条件表达式的结果为真时，执行语句 1，反之就执行语句 2。

```
#include <reg51.h>
main(   )
{
  sbit P10=P1^0;
  sbit P20=P2^0;
  sbit P21=P2^1;
  main(   )
    {
     if(P10==1)
     {
      P20=0;
      P21=1;
    }
  else
    {
      P20=1;
      P21=0;
    }
    }
}
```

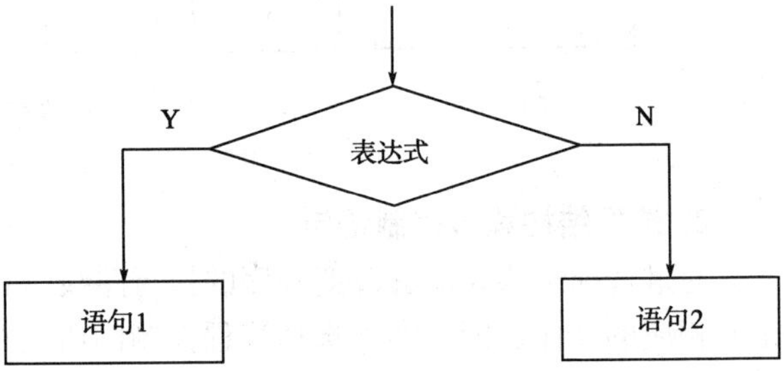

图 1-41　if-else 语句流程图

该程序同样实现从 P1.0 口读取电平状态，如果 P1.0 电平状态为高电平，则 P2.0 输出低电平，P2.1 输出高电平；如果 P1.0 电平状态为低电平，则 P2.1 输出低电平，P2.0 输出高电平。

③if-else if 形式，格式为：

```
if(表达式 1)
  语句 1
  else if(表达式 2)
    语句 2
  else if(表达式 3)
    语句 3
    …….
  else
    语句 n
```

依次判断表达式的值，当出现某个值为真时，则执行其对应的语句，然后跳到整个 if 语句之外（语句 n 之后）继续执行程序；如果所有的表达式均为假，则执行语句 n，然后继续执行后续程序。

例如：

```
#include <reg51.h>
main( )
{
  unsigned char n;
  P1=0x0ff;
  n=P1;
  if(n==0x00)
    P2=0x3f;
      else  if(n==0x01)
        P2=0x06;
        else  if(n==0x02)
        P2=0x5b;
        else  if(n==0x03)
      P2=0x4f;
    else
  P2=0x00;
}
```

该程序功能是从 P1 口读入数据，如果读入数据是 0～3，则 P2 口输出相应的（共阴数码管显示）段选码，否则输出 0x00。

④ if-if…else-else…形式，格式为：

```
if(表达式 1)
  if(表达式 2)
    if(表达式 3)
    语句 1
    else
```

　　　　　语句 2

else

　　　　语句 3

else

　　　语句 4

　　这种形式实际上是 if-else 的嵌套。执行情况如表 1-22 所示。

表 1-22　if-else 嵌套执行情况表

语句	条　　件
语句 1	表达式 1、2、3 成立
语句 2	条件表达式 1、2 成立，条件表达式 3 不成立
语句 3	条件表达式 1、成立，条件表达式 2 不成立
语句 4	条件表达式 1 不成立

　　在四种形式的 if 语句中，在 if 关键字之后均为表达式。该表达式通常是逻辑表达式或关系表达式，但可以是其他表达式，如赋值表达式等，也可以是一个变量。例如，if（a＝4）语句，if（b）语句，都是允许的。只要表达式的值为非 0，即为"真"。如在 if（a＝4）语句中，表达式的值永远为非 0，所以其后的语句总是要执行的，这种情况在程序中不一定会出现，但在语法上是合法的。

　　在 if 语句中，条件判断表达式必须用括号括起来，在语句之后必须加分号。

　　在 if 语句的四种形式中，不是单个语句时，而是语句组时，则必须把语句用 ｛｝ 括起来，组成一个复合语句，但要注意的是，在"｝"之后不要加分号。

（2）switch-case 语句

```
switch（条件表达式）
{
case 条件值 1：语句 1；break；
case 条件值 2：语句 2；break；
…
case 条件值 n：语句 n；break；
default ：语句 n＋1；break；
}
```

　　表达式的值必须为整数或字符，switch 以条件表达式的值，逐个与各 case 的条件值相比较，当条件表达式的值与条件值相等时，即执行其后的语句，然后不再进行判断，不执行后面所有 case 后的语句。如条件表达式值与所有 case 后的条件值均不相同时，则执行 default 后的语句。每个语句必须有 break 语句，其执行流程图如图 1-42 所示。

　　例如：

```
＃include ＜reg51.h＞
main（　）
{
　unsigned char n；
　P1＝0xff；
　n＝P1；
```

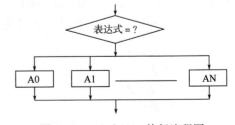

图 1-42　switch-case 执行流程图

```
switch(n)
 {
    case 0x01:P0=0x01;break;
    case 0x02:P0=0x02;break;
    case 0x04:P0=0x04;break;
    case 0x08:P0=0x08;break;
    case 0x10:P0=0x10;break;
    case 0x20:P0=0x20;break;
    case 0x40:P0=0x40;break;
    case 0x80:P0=0x80;break;
    default:   P0=0x00;break;
       }
   }
```

该程序功能是从 P1 口读入数据，从 P0 口输出数据。

使用 Switch-case 语句时，在 case 后的各条件值不能相同，否则会出现错误，在 case 后，允许有多个语句，各 case 和 default 语句的先后顺序可以变动，而不会影响程序执行结果；default 语句可以省略。

3) 循环结构流程控制语句

C51 循环语句有 while、do-while 、for。

（1）while 循环

while（表达式）语句；

其中表达式是循环条件，语句为循环体。当条件表达式的结果为真时，程序就重复执行后面的语句，一直执行到条件表达式的结果为假时终止。这种循环结构首先检查所给条件，再根据检查结果，决定是否执行后面的语句。执行流程如图 1-43 所示。

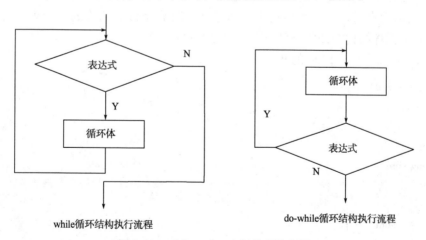

while循环结构执行流程   do-while循环结构执行流程

图 1-43 while 、do-while 执行流程图

例如：从 1 加到 1000，并将结果打印出来。

```
#include <stdio. h>
main( )
{
 long sum=0;    //因为 sum 的值超过 int 型变量能表示的范围,所以设置成长整型
```

```
    int   i=1；
    while (i<=1000)
    ｛
        sum+=i；
        i++；
    ｝
  ｝
```

运行结果：500500

此程序中循环条件是"i<=1000"，循环体是"sum+=i；i++；"。"sum+=i；"语句实现的是随着 i 的增加，将累加的结果存放在 sum 中，sum 起累加器的作用，共计1000 次。

在表达式中使用的变量必须在执行到循环语句之前赋值，即变量初始化。循环体中的语句必须在循环过程中修改表达式中的变量的值。

while 语句在使用时，语句中的表达式一般是关系表达式或逻辑表达式，只要表达式的值为真（非 0），即可继续循环；循环体如包含有一个以上的语句，则必须用｛｝括起来，组成复合语句；应注意循环条件以避免永远为真，造成死循环。

（2）do…while 语句

```
do
  ｛
   语句；
  ｝while(表达式)；
```

表达式是循环条件，其中语句是循环体，是直到型循环结构。

这种循环结构的执行过程是先执行给定的循环语句，然后再检查条件表达式的结果，当条件表达式的值为真时，则重复执行循环体语句，直到条件表达式的值变为假时为止。因此，do…while 循环结构在任何条件下，至少会被执行一次。

例如：求 1+2+…+1000 的和。

```
#include <stdio. h>
main(   )
  ｛
      int i=1；
      long sum = 0；
      do
        ｛
            sum+=i；
            i++；
        ｝while (i<=1000)；
  ｝
```

运行结果：500500

运行结果和 while 循环一样。while 语句是先判断<表达式>是否成立，然后再执行循环体；do…while 语句是先执行循环体一次，然后再去判断<表达式>是否成立。

（3）for 语句

for（［表达式 1：循环控制变量赋初值］；［表达式 2：循环继续条件］；［表达式 3：循环变量增值］）

　　　　　　　　｛循环体语句组；｝

三个表达式之间必须用分号";"隔开，其执行流程如图 1-44 所示。

例如。求 1～1000 之和。

```
#include <stdio. h>
    main(  )
    {
        int i,n=1000;
        long sum = 0;
        for(i=1;i<=n;i++)
        sum+=i;
    }
```

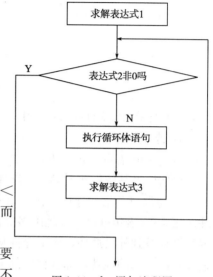

图 1-44　for 语句流程图

for 循环的执行过程：先赋值"i=1"，然后判断"i<=n"是否成立，若为真，执行循环体"sum+=1"，转而执行"i++"，如此反复，直到"i<=n"为假为止。

for 语句在使用时，三个控制表达式只是语法上的要求，可以灵活应用，其中任何一个都允许省略，但分号不能省。表达式 1 和表达式 3 可以是简单表达式、逗号表达式等。用空循环来延长时间，起到延时作用，例如，for（t=0；t<time；t++）；循环体是空语句。

例如：

```
#include <reg51. h>
main ( unsigne char time)
{
    Int   i,j;
    for(i=0;i<time;i++)
    for(j=0;j<120;j++)
    {
        ;
    }
}
```

该程序在 12M 时钟的系统中，可以实现 1ms× time 的延迟。

三个表达式都缺省时，for（；；）〈语句〉是一个无限循环。当循环次数预先不确定时，可用此方法，但在循环体内必须设置 break 语句跳出循环，否则将成死循环。

（4）循环的嵌套。一个循环体内又包含另一个完整的循环结构，称为循环的嵌套，在内嵌的循环中还可以嵌套循环，就形成了多层循环。while 循环、do…while 循环和 for 循环可以互相嵌套。

例如：

```
#include <reg51.h>
main (unsigned char count)
{
    unsigned char j,k;
    while(count－－！＝0)
    {
        for(j=0;j<10;j++)
        for(k=0;k<72;k++)
            ;
    }
}
```

该程序在 12M 时钟的系统中，可以实现 10ms×count 的延迟。

4) 转移语句

（1）goto 语句。goto 语句格式是：goto 语句标号；

语句标号是按标识符规定书写的符号，放在某一语句行的前面，标号后加冒号（:）。goto 语句常与 if 语句连用，在满足某一条件时，程序就跳到标号处执行，这样可以实现循环。用 goto 语句可以一次跳出多层循环，但是 goto 语句的转移范围只能在同一函数内，从内层循环跳到外层循环，而不允许从外层循环跳到内层循环。不加限制地使用 goto 语句会造成程序结构的混乱，降低程序的可读性。

例如：求 1~100 之间的整数和。

```
#include <stdio.h>
main( )
{
 int i=1,sum=0;
 loop :if(i<=100)
    {
    sum+=i;
    i++;
    goto loop;
    }
}
```

本例中，利用 if 语句和 goto 语句的配合实现循环，但这不是循环语句。

（2）break 语句。break 语句格式是：

break;

break 语句可以使流程从当前循环或 switch 结构中跳出，转移到该结构后面的第一个语句处。当有嵌套时，它只能跳出它所处的那一层循环，而不像 goto 语句可以直接从最内层循环跳出来。break 语句不能用在除了循环语句和 switch 语句之外的任何其他语句中。

（3）continue 语句。continue 语句格式是：

continue;

它是循环继续语句，只能用在循环结构中，作用是结束本次循环，即跳过当前一轮中 continue 语句之后的尚未执行的语句，将流程转到下一轮循环入口。它常与 if 语句一起使用，用来加速循环。

例如：把 1~20 之间的不能被 3 整除的数输出。

```
#include <reg51.h>
main( )
{
 int n;
 for(n=1;n<=20;n++)
 {
  if(n%3==0)
  continue;
  P0=n;
  }
}
```

（4）返回语句。返回语句格式是：

return（表达式）；或 return；

如果 return 语句后边带有表达式，则要计算表达式的值。使用 return 语句只能向主调函数回送一个值。如果 return 后面不跟表达式，则该函数不返回任何值，只能控制流程返回调用处。如果函数体的最后一条语句为不带表达式的 return 语句，则该语句可以省略。也就是说，在这种情况下，当程序执行到最后一个界限符"}"处时，就自动返回主调用函数。

9. 函数

函数是 C51 程序的基本组成部分，C51 的程序是由一个主函数 main （ ） 和若干个子函数构成，由主函数 main （ ） 开始，根据需要来调用子函数，子函数也可以互相调用。在进行程序设计的过程中，同一个函数可以被一个或多个函数调用任意多次。当被调用函数执行完毕后，就返回原来函数执行。

C51 编译器还提供了丰富的运行库函数，用户可根据需要随时调用，在使用时，用户只需在程序中用预处理器伪指令，将有关头文件包含进来即可，可提高编程效率和速度。

1) 函数的说明与定义

C51 中所有函数与变量一样，在使用之前必须说明。说明是指说明函数是什么类型的函数，一般库函数的说明都包含在相应的头文件<＊.h>中。

例如，标准输入输出函数包含在"stdio.h"中，非标准输入输出函数包含在"io.h"中，在使用库函数时必须先知道该函数包含在哪个头文件中，在程序的开头用 #include <＊.h>或 #include" ＊.h" 说明。

（1）函数声明。函数声明的格式如下：

函数类型　函数名（数据类型　形式参数，数据类型　形式参数，……）；

函数类型是该函数返回值的数据类型，可以是整型（int）、长整型（long）、字符型（char）、浮点型（float）、无值型（void）、指针型。无值型表示函数没有返回值。函数名为函数的名称，需符合 C51 的标识符规则要求，小括号中的内容为该函数的形式参数。

例如：

```
int putlll(int x,int y,int z,)    //说明一个整型函数
char * name(void);    //说明一个字符串指针函数
void student(int n, int m);    //说明一个不返回值的函数
```

（2）函数的定义。函数定义就是确定该函数完成什么功能，以及怎么运行。C51 对函数的定义的一般形式为：

函数类型　函数名（数据类型　形式参数，数据类型　形式参数…）

```
{
    函数体；
}
```

例如：

```
int max(int x, int y)
{
int z;    // 函数体中的说明部分,定义整型变量 z
z=x>y? x:y;    // x,y 中的最大数赋给 z
return z;    //返回 z 的值
}
```

本例中，定义了函数，函数名为 max，返回值类型为整型，形式参数为 x、y。函数体在 {} 内，实现求两个数中最大值的功能。

函数定义时，函数类型为函数返回值的类型，为 C51 的基本数据类型。无返回值为 void，为 int 型可省略。

函数名的命名必须遵循标识符规则，且易读。

形式参数必须用 ( ) 括起，每个形参必须有形参声明，数据类型为 C51 的基本数据类型。多个形参之间必须用 "," 分隔，并不是所有函数都有形参。

函数体包括在花括号 "{}" 中，为 C51 语句的组合。所用函数体中使用到的除形参之外的变量，在开始部分进行变量的类型声明。

一个程序必须有一个主函数，其他用户定义的子函数可以是任意多个，函数的位置可以在 main（ ）函数前，也可以在其后。

2) 函数参数与返回值

在定义函数时，函数名后面括号中的变量称为 "形式参数"（简称形参）。而在调用函数时，函数名后面括号中的变量称为 "实际参数"（简称实参）。函数参数用于建立函数之间的数据联系。当一个函数被另一个函数调用时，实际参数传递给形式参数，以实现主调函数与被调函数之间的数据通信。

有的函数在被调用执行完后，向主调函数返回一个执行结果，这个结果称为函数的返回值。函数的返回值用返回语句 return 实现。

例如：调用 max（int x, int y）函数，求 7、8 的大数从 P0 输出。

```
#include <reg51.h>
int max(int x,int y)
{
    if(x>y)
    return x;
```

```
    else
    return y;
  }
  main(  )
  {
   P0＝max(7,8);
  }
```

函数 main 调用 max 函数时，实际的参数 7、8 传给了 x、y。用 return z 返回函数的返回值。

3) 函数的调用

（1）函数的一般调用。函数的一般调用有语句调用和函数表达式调用两种。

函数语句调用是把函数调用作为一个语句。这种调用通常用于调用一个不带返回值的函数。一般形式为：

函数名（实参表）；

函数表达式调用是用表达式形式调用函数，这种调用通常用于调用一个带有返回值的函数。一般形式为：

变量名＝函数表达式；

例如：

```
♯include ＜reg51.h＞    //头文件包含
/＊＊＊＊＊＊＊＊＊＊＊＊ 延时函数 ＊＊＊＊＊＊＊＊＊＊＊＊＊＊＊ /
unsigned int   add(unsigned char a,unsigned char b)    //定义延时函数
  {
    unsigned int   c    //定义变量 C
    c＝a＋b;
     return c
    }
/＊＊＊＊＊＊＊＊＊＊＊ 主函数 ＊＊＊＊＊＊＊＊＊＊＊＊ /
main(  )
{
    unsigned int i;
    i＝ add(3,5);
    P0＝i;
}
```

本程序实现 P0 口输出 3＋5 的和。其中：i＝ add（3，5）；调用 add（unsigned char a, unsigned char b）函数。

注意：C51 在调用函数时，被调用的函数必须是已经存在的函数（库函数或用户自定义函数）。

（2）函数的参数传递

①调用函数向被调用函数以形式参数传递。在调用函数时，一般主调函数和被调函数之间存在数据传递，这种数据传递是通过函数的参数实现的，实际参数将传递给形式参数。

例如，在上面主程序调用 add（unsigned char a，unsigned char b）函数时，是把实际

参数 3 传给形式参数 a，5 传给形式参数 b。

注意：函数调用时实际参数必须与子函数中形式参数的数据类型、顺序和数量完全相同。

②被调用函数向调用函数返回值。函数调用时，只有执行到被调函数的最后一条语句后，或执行到语句 return 时才能返回。没有 return 语句，仅返回给调用函数一个 0。若要返回一个值，就必须用 return 语句，但 return 语句只能返回一个参数。例如，i＝ add（3，5）；就是把 add（3，5）的返回值赋给 i。

③用全局变量实现参数互传。C51 中，根据变量的作用范围不同，可将变量分为局部变量和全局变量。

在函数内定义的变量以及形式参数均属局部变量。局部变量在定义它的函数内有效。例如，上述 unsigned int add（unsigned char a，unsigned char b）函数中的 unsigned int c；语句定义的变量 c 就是局部变量。它只在 unsigned int add（unsigned char a，unsigned char b）函数中有效。

全局变量是指所有函数之外定义的变量，其作用范围从作用点开始，直到程序结束。例如：上述程序开始部分声明语句如下：

unsigned char bai；

unsigned char shi；

unsigned char ge；

定义了三个全局变量 ge、shi、bai。

设置全局变量的目的是为了增加数据传递的渠道，将所要传递的参数定义为全局变量，可使变量在整个程序中对所有函数都使用。例如，将 ge、shi、bai 定义为全局变量，实现了数据才在 main（），change（），display（）函数中传递。

注意：全局变量如果与局部变量同名，则在局部变量的作用范围内，全局变量不起作用。

（3）函数的嵌套调用与递归调用。函数的嵌套调用是指在调用一个函数的过程中，被调用的函数调用了另一个函数。

C51 允许函数自己调用自己，这种方式叫函数的递归调用，递归调用可以使程序简洁、紧凑。例如：

```
Int   fact(n);
    {
      int   n;
      int   product;
      if(n == 1)
      return(1);
      product＝fact(n−1)＊n;    //函数自身调用
      return(product);
    }
```

本程序为了实现求 n!，用 product＝fact（n−1）＊n；语句调用了函数本身 fact（n）。

4）函数作用范围

C51 中每个函数都是独立的代码块，函数代码归该函数所有，除了对函数的调用以外，其他任何函数中的任何语句都不能访问它。除非使用全局变量，否则一个函数内部定义的程序代码和数据，不会与另一个函数内的程序代码和数据相互影响。

C51 中不能在一个函数内再说明或定义另一个函数，但 C51 中只要先定义后使用，一个函数不必附加任何说明语句而被另一函数调用。如果一个函数在定义函数时，用 static 存储类说明符来进行了声明，则为内部函数（也称静态函数），这样可以使函数只局限于所在文件。通常把只由同一文件使用的函数和外部变量放在一个文件中，用 static 使之局部化，其他文件不能引用。

如果用存储类说明符 extern 说明，则表明此函数为外部函数。

如果在定义函数时不进行存储类说明，则隐含为外部函数。在需要调用此函数的文件中，要用 extern 说明所用的函数是外部函数。

10. 预编译处理

C51 提供了编译预处理的功能，编译预处理是在编译前先对源程序中的预处理命令进行"预处理"，然后将预处理的结果和源程序一起再进行通常的编译处理，以得到目的代码。预处理命令以"♯"打头，末尾不加分号，可以出现在程序的任何位置，作用范围是从出现处直到源文件结束。通常有三种预处理指令：宏定义、条件编译、文件包含。

1) 宏定义

宏定义是用预处理命令♯define 指定的预处理，它用一个指定的符号来表示一个字符串，又称符号常量定义。一般形式为：

♯define　标识符　常量表达式

"define"是关键字，它表示该命令是宏定义。"标识符"是指定的符号，一般大写，而"常量表达式"就是赋给符号的字符串。宏定义由于不是 C51 的语句，所以不用在行末加分号。

例如，♯define　pi　3.14　//指定符号 pi 来代替 3.14，在预处理时，把程序在该命令以后的所有的 3.14 都用 pi 来代替。

常用♯define 定义数据类型

例如，♯define unchar unsigned char　　//定义 unsigned unchar 就是 unsigned char 类型

也常用♯define 定义并行口，P0，P1，P2，P3 的定义在头文件 reg51.h 中，扩展的外部 RAM 和外部 I/O 口需要用户自定义。

例如：

```
♯include＜abasacc.h.＞
♯define　PA　XBYTE［0xffde］
main(　)
{
PA＝0x3b；　//将数据 0x3b 写入地址为 0xffde 的存储单元或 I/O 口
}
```

本程序用预处理命令♯define，将 PA 定义为外部 I/O 口，地址为 0xfde，XBYTE 为一个指针，指向外部 RAM 的 0 地址单元，包含在 abasacc.h 头文件。

2) 条件编译

在编译过程中，对程序源代码的各部分可以根据所求条件有选择地进行编译，即条件编

译。条件编译可以选择不同的编译范围，从而产生不同的代码。C51 编译器的预处理器的常用条件编译命令有：♯if、♯elif、♯else、♯endif 等。一般形式是：

```
♯if 常量表达式 1
    程序段 1
 ♯elif 常量表达式 2
    程序段 2
……
♯elif 常量表达式 n-1
    程序段 n-1
♯else
      程序段 n
♯endif
```

如果常量表达式 1 的值为真（非 0）时，就编译程序段 1，然后将控制传递给♯endif 命令，结束本次条件编译，继续下面的编译处理；否则，如果常量表达式 1 的值为假（0），程序段 1 不编译，而将控制传递给下面的一个♯elif 命令，对常量表达式 2 的值进行判断。如果常量表达式 2 的值为假（0），则将控制再传递给下一个♯elif 命令，直到遇到♯else 或♯endif 命令为止。

3) 文件包含

♯include 指令是让预处理器把源文件，嵌入到当前源文件中的该点处（用指定文件的全部内容替换该预处理行）。格式如下：

♯include<文件名> 或 ♯include"文件名"

include 是关键字，文件名是被包含的文件名，应该使用文件全名，包括文件的路径和扩展名。文件包含命令一般习惯写在文件的开头，如果文件名用引号括起来，那么就在源程序所在位置查找该文件；如果用尖括号"<　>"括起来，那么就按定义的规则来查找该文件。

例如，♯include<abasacc. h. >

　　　　♯include<abasacc. h. >

1.3.6 单片机程序设计

1. 单片机程序设计的基本步骤

单片机程序设计的基本步骤如下。

①分配存储空间、工作寄存器及有关端口地址。

②画出程序流程图。程序流程图是用符号表示程序执行流程的框图，表示符号有以下几种：

③编制源程序。

④仿真、调试和优化程序。

⑤固化程序。

2. 案例：编写限位状态识别程序

1) 编程要求

限位状态识别电路如图 1-45 所示，编写程序实现功能：当机构运行未到位时，SW1 处于断开状态，此时只有绿灯 D2 亮。当机构运行到位后，迫使限位开关 SW1 闭合，此时只红灯 D2 亮。

2) 编程思路

先读取 P1.0 端口状态，然后判断状态，如果 P1.0 状态为高电平，让 P2.1 输出低电平点亮绿灯，P2.0 输出高电平，熄灭红灯。如果状态为低电平，让 P2.0 输出低电平点亮红灯，P2.1 输出高电平，熄灭绿灯，程序流程图如图 1-46 所示。

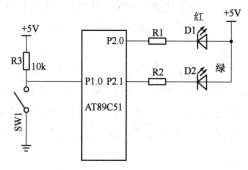

图 1-45　限位状态识别电路图

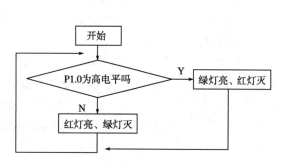

图 1-46　端口状态检测程序流程图

3) 编写程序

按照编程思路与程序流程图，参考程序如下：

```c
#include<reg51.h>
    sbit led1=P2^0;    //定义 LED 引脚
    sbit led2=P2^1;    //定义 LED 引脚
    sbit key=P1^0;     //定义按键引脚
/ *********** LED1 亮 *********** /
void led1_on(void)
    {
        led1=0;
        led2=1;
    }
/ *********** LED2 亮 *********** /
void led2_on(void)
    {
        led2=0;
        led1=1;
    }
/ *********** 主函数 *********** /
main(  )
{
    while(1)
    {
```

```
    if(key==1)
  led1_on( );
     else
  led2_on( );
     }
}
```

3. 案例：编写双路声光防盗报警程序

1) 编程要求

某双路声光防盗报警电路如图 1-47 所示。要求结合硬件电路，编写程序实现如下功能：

正常状态（SW1 断开，SW2 闭合）下，不报警。当异常状态（SW1 闭合或 SW2 断开时）时，启动声光报警：蜂鸣器蜂鸣发声，LED1、LED2 交替点亮闪烁，交替时间自定。

2) 编程思路

先检测 P1.0、P1.1 的电平状况，正常状态时，SW1 断开，SW2 闭合，即 P1.1 输入为低电平，P1.0 输入为高电平，则按要求不报警。异常时 SW1 闭合或 SW2 断开，即 P1.1 输入为高电平或 P1.0 输入为低电平，则按要求报警。因此，先读取 P1.0、P1.1 的电平状态，再根据 P1.0、P1.1 高低电平的组合状态来决定报警还是不报警。主程序流程图如图 1-48 所示。

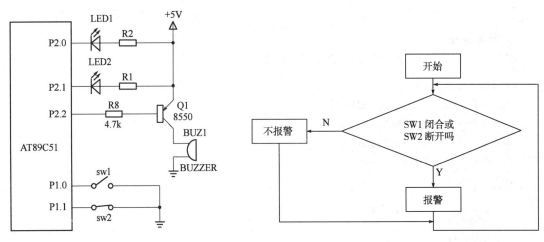

图 1-47　双路声光防盗报警电路图　　　　图 1-48　双路报警主程序流程图

报警时，先使 P2.0 输出低电平控制 LED1 点亮、P2.1 输出高电平控制 LED2 不点亮，P2.2 输出与原来状态相反电平，使蜂鸣器发声。然后再使 P2.1 输出低电平控制 LED2 点亮、P2.0 输出高电平控制 LED1 不点亮，P2.2 输出与原来状态相反电平，使蜂鸣器发声。这样来实现 LED1、LED2 亮灭交替闪烁与蜂鸣报警。不报警时 P2.0、P2.1、P2.2 均输出高电平。

交替闪烁的时间，可以通过延迟时间的多少来实现。

3) 编写程序

根据编程思路，按流程图设计参考程序如下：

```
#include<reg51.h>
sbit SW1=P1^0;
sbit SW2=P1^1;
```

```c
    sbit LED1=P2^0;
    sbit LED2=P2^1;
    sbit FMQ=P2^2;
/ ********** 延迟函数 ********** /
void delay(unsigned int time)
    {
    unsigned int i,j;
    for(i=0;i<time;i++)
        for(j=0;j<120;j++)
                ;
    }
/ ********** 报警函数 ********** /
void Call_police(void)
 {
  LED1=0;
  LED2=1;
  FMQ=! FMQ;
  delay(500);
  LED1=1;
  LED2=0;
  FMQ=! FMQ;
  delay(500);
  }
/ ********** 正常状况不报警函数 **********
void normal(void)
{
  LED1=1;
  FMQ=1;
  LED2=1;
}
/ ********** 主函数 **********
main(  )
{
  LED1=1;    //初始状态(可省)
  LED2=1;
  FMQ=1;
  while(1)
  {
  if(SW1==0|SW2==1)
      Call_police( );
  else
      normal( );
  }
}
```

1.4 项目实施

1.4.1 总体设计思路

基本功能部分的实现思路是：用 AT89C51 构建单片机最小系统，用一个并行口作广告灯控制端口，依次输出不同状态的控制指令，控制发光二极管的亮与灭，从而达到广告灯的效果。总体结构框图如图 1-49 所示。

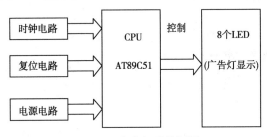

图 1-49　广告灯总体框图

1.4.2 设计广告灯电路

用 AT89C51 单片机作为控制部件，AT89C51 单片机复位电路采用通电复位形式，时钟电路采用 12MHz 时钟，20pF 电容用作微调电容，红色发光二极管用作广告灯显示，P1 口用作显示控制，用 470Ω 电阻作限流电阻。硬件电路如图 1-50 所示。

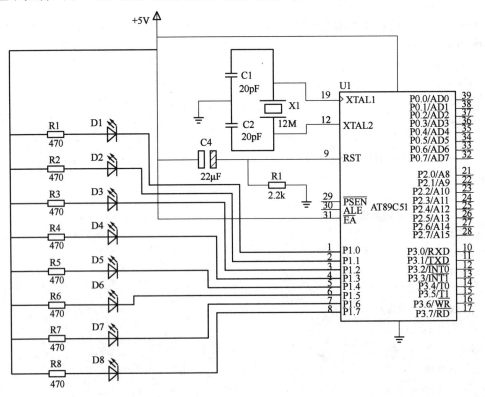

图 1-50　广告灯电路图

1.4.3 设计广告灯程序

1) 程序设计思路

用左移或右移的方法，循环 8 次，从左到右和从右到左，轮流使连接发光二极管的端口输出 "0"，并延迟一定时间，实现从左到右和从右到左轮流点亮 LED。从端口奇数、偶数引脚轮流输出高低相反的电平，并延迟一定时间，实现奇偶闪烁。主程序参考流程图如图 1-51 所示。

2) 设计程序

根据流程图设计程序，参考程序如下：

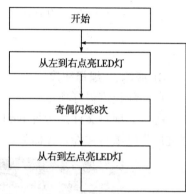

图 1-51　广告灯主程序参考流程图

```
#include<reg51.h>      //51 系列单片机定义文件
void delay(unsigned int);   //声明延时函数
main( );    //声明主函数
/ ************* 主函数 ************* /
main( )
{
unsigned int i;
unsigned char led_val;
while(1)
{
/ ************* 单个 LED 灯从左到右点亮 ************* /
led_val=0x01;
for(i=0;i<8;i++)
    {
        P0=~led_val;
        delay(100);
        led_val<<=1;
    }
/ ************* 单个 LED 灯从右到左点亮 ************* /
led_val=0x80;
for(i=0;i<8;i++)
    {
        P0=~led_val;
        delay(100);
        led_val>>=1;
    }
/ ************* LED 灯奇偶闪烁 8 次 ************* /
led_val=0xAA;
for (i=0;i<8;i++)
    {
        P0=led_val;
        delay(100);
        P0=~led_val;
        delay(100);
```

```
        }
    }
/ ************* 延时函数 *************** /
void delay(unsigned int time)    //定义延时函数
    {
        unsigned int t;
        unsigned char bt;
        for(t=0;t<time;t++)
        for(bt=0;bt<250;bt++)
            ;
    }
```

3) 编辑、编译程序

（1）新建广告灯项目

①建立项目文件。运行 Keil μVision2 工具软件，点击菜单 project，选择 New Project，建立广告灯项目文件，界面如图 1-52 所示。

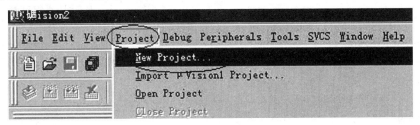

图 1-52　新建项目文件界面图

②保存项目文件：在弹出的对话框中，选择广告灯项目文件保存的路径，输入项目文件的名称，如图 1-53 所示，点击"保存"即可。

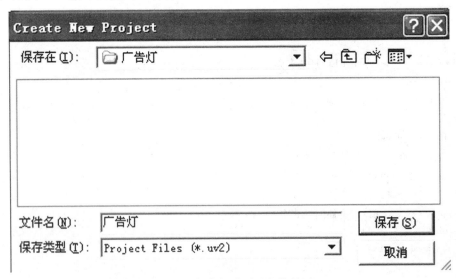

图 1-53　保存新建项目文件界面

③选择 CPU 型号。选择 Atmel 公司 AT89C51 单片机型号，如图 1-54 所示，点击"确定"即可。

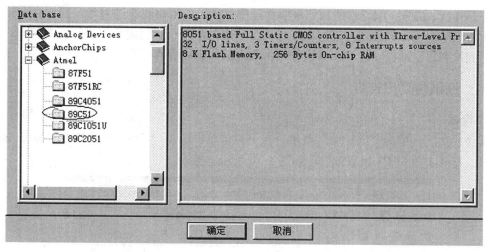

图 1-54　选择 CPU 型号

（2）新建广告灯源程序文件

①编辑程序。点击菜单 File->New，打开源程序编辑界面，在程序编辑区编辑编辑的广告灯的源程序。

②保存源程序。点击 File/Save 进入保存界面，选择保存的路径，在文件名栏目输入文件名：广告灯 . c。

③添加源程序文件到项目：在项目工作区点击 Target 1 前面的"＋"号展开目录，用右键点击 Source Group 1，在弹出菜单中，选择 Add Files to Group′Source Group 1′。如图 1-55 所示。在浏览窗口选择文件类型为（＊. c），按原保存路径找到广告灯 . c 文件，点击 Add 添加，然后点击 Close 关闭对话框。source Group1 出现广告灯 . c 文件。

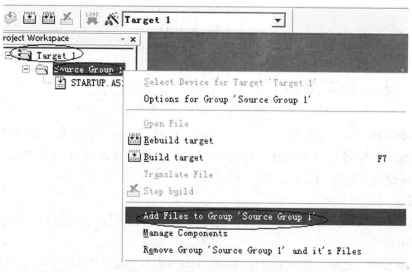

图 1-55　添加源程序到项目图

④项目设置。用鼠标右键点击左边的 Target 1，会出现一个菜单，选择 Options for Target′ Target 1′弹出设置窗口。Target 栏的 Xtal（MHz）设置 12MHz，Output 栏，选择 Great HEX File（项目输出）其他默认设置。

（3）编译广告灯程序。在广告灯项目环境中单击"Project"菜单，在下拉菜单中单击

"Built Target"选项，编译程序。如果源程序中有错误，则不能通过编译，错误会在输出窗口中报告出来，双击该错误，就可以定位到源程序的出错行，对源程序进行反复修改，再编译，直到没有语法错误。注意：每次修改源程序后一定要保存。

1.4.4 调试仿真广告灯

1) 调试

编译成功后，单击"Project"菜单，在下拉菜单中单击"Start/Step Debug Session"进行调试。打开 I/O 口 P1 观察窗口，如图 1-56 所示。

图 1-56　程序调试界面

选择 两种方式，通过单步（step）调试，可查看寄存器的数据。选择观察 P1 端口输出数据，判断程序设计的正确性。修改程序直至正确，点击 工具或 Project/ ReBuilt Target，编译输出广告灯 .Hex 文件。

2) 仿真

（1）建立仿真模型。运行 Proteus 仿真软件，建立仿真文件，并且按如下步骤建立仿真模型（仿真电路图）。

①添加库元件。选择工具箱上图标 component（元件选取工具），如图 1-57 所示，点击对象选择器的 P 按钮（pick Devices），按广告灯硬件电路图，在打开的对话框 keyword 文本框中键入 AT89C51，选择 AT89C51，点击 OK 添加库元件，添加 AT89C51。

用同样的方法，在 keyword 文本框中，分别输入 RESISTISTORS（电阻）、CERAMIC22P（22P 电容）GENLECT10U16V（16V10UF 电解电容）、CRYSTAL（晶振）、LED－RED（红色发光二极管）等元件。

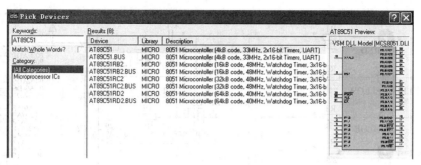

图 1-57　添加库元件

②放置元件。在库中选择元件，然后点击电路图中央编辑区放置元件，放置 CPU、电阻、电容、发光二极管、晶振等元件，点击 🖫 图标，在打开的对话框中选择 POWER（电源）、GROUND（地），放置到电路图编辑区，如图 1-58 所示。

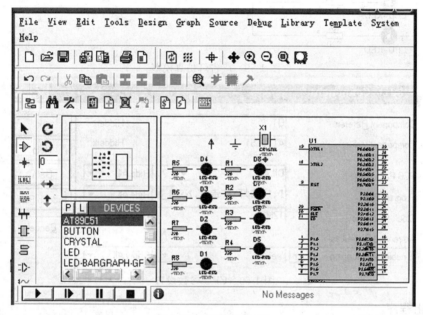

图 1-58　放置仿真元件

③布局与绘制仿真模型图。按电路图调整元件布局，点击 ╱ 画线工具图标，按电路图建立时钟电路、复位电路、显示电路、EA 接高电平。如图 1-59 所示。

④设置元件参数。右键选中设置元件，点击左键，打开元件属性设置对话框，按电路图设置元件参数。设置 CPU 参数时，Program File 选项选择广告灯 .Hex，时钟为 12MHz，其他设置可以保持默认，如图 1-60 所示。

（2）仿真。点击 ▶ ▐▶ ▌▌ ■ 中的第一个图标，运行仿真广告灯，观察测试功能指标，修改硬件设计和程序设计，使仿真效果与设计要求趋于一致。

1.4.5　安装元器件，烧录、调试样机

1. 安装元器件及检测

仿真调试成功后，按硬件电路图安装元件，制作广告灯样机（单片机芯片最好用芯片插座），并进行静态和动态检测。

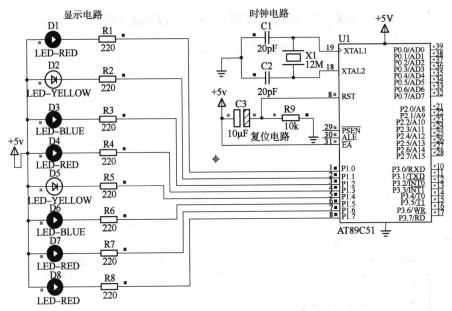

图 1-59　广告灯仿真模型

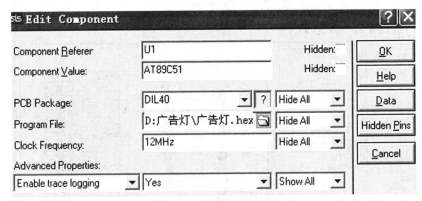

图 1-60　CPU 参数设置

2. 固化程序

仿照前面固化程序的案例，将广告灯.hex文件固化到单片机芯片中。

3. 调试广告灯

断开电源，断开下载线，然后再接通电源，运行广告灯系统。观察广告灯的运行状态，对比、分析是否实现了功能，如果没有实现功能，则修改、优化程序，重新调试、下载、运行程序，测试功能，直到实现基本的功能。

1.5　拓展训练

（1）设计制作一个能输出两种声音（频率自定）的警笛声音发生器。

（2）用三色发光二极管，设计制作交通灯。

（3）设计制作汽车转向灯控制器，某 I/O 口的高低电平状态表示左右方向，两只发光二极管指示左右方向。

项目 2

设计制作楼道计数器

2.1　学习目标

①了解 MCS-51 系列单片机中断系统；

②掌握 MCS-51 系列单片机外部中断的应用；

③掌握 LED 显示技术应用；

④巩固 C51 程序设计；

⑤学会一般单片机控制系统的设计、制作与样机调试。

2.2　项目任务

1) 项目要求

①用 Keil C51、Proteus 作开发工具；

②用 AT89C51 单片机作控制；

③能自动统计进入楼道总人数与实时在楼道内的人数，楼道人数范围为 0～99，并用数码管显示；

④用外部中断响应加 1 请求与减 1 请求；

⑤发挥扩充功能：如消隐功能（高位为 0 则不显示）等。

2) 设计制作任务

①拟定总体设计制作方案；

②设计硬件电路；

③编制程序流程图及设计源程序；

④仿真调试楼道计数器；

⑤安装元件，制作楼道计数器，调试功能。

2.3　相关知识

2.3.1　数组

数组是一组有相同类型数据的有序集合。数码管显示段选码表、LED 点阵显示字形码表，对传感器的非线性参数进行补偿时的表格可以用数组表示。数组必须先定义后使用，同一数组中的元素具有相同的数据类型、相同的数组名和不同的下标。

1. 一维数组的定义与引用

1) 一维数组的定义

一维数组的定义为：

<存储类型> 类型说明符 数组名 [常量表达式]；

"存储类型"包括 static、extern 和 auto，可缺省，缺省时与变量处理格式相同。

"类型说明符"说明数组元素的数据类型，可以是整型、字符型等。

"数组名"是整个数组的标识符，它的命名与变量相同。在说明一个数组后，系统会在内存中分配一段连续的空间用于存放数组元素。

ab[0]	第一个元素
ab[1]	第二个元素
ab[2]	第三个元素

图 2-1　一维数组元素存放图

"常量表达式"指明了数组的长度，即数组中元素的个数。它必须用方括号"[ ]"括起来，不能含有变量，必须是一个整型值。

例如：int ab [3]；// 它表示数组名为 ab，有 3 个整形元素，数组元素在内存中的存放顺序如图 2-1 所示。

2) 一维数组的引用

在 C51 中，使用数值型数组时，只能逐个应用数组元素而不能一次引用整个数组。数组元素的引用是通过数组名和下标来实现的，一维数组中数组元素的引用形式是：

数组名 [下标表达式]

"下标表达式"表示了数组中的某个元素的顺序序号，数组元素的下标总是从 0 开始的。若数组长度为 m，第一个元素的下标为 0，最后一个为 m−1。下标表达式可以是任何整型常量、整型变量，或返回整型量的表达式。

例如，对数组 ab [3] 的引用分别为 ab [0]、ab [1]、ab [2]。通过数组元素的引用，数组元素就可以进行赋值和算术运算以及输入和输出操作。

例如：

```
#include <reg51.h>
  main(  )
    {
      unsigned char n,ab[3];
      for(n=0;n<2;n++)
      ab[n]=n;
      ab[2]=5;
    }
```

本程序使 ab [0]、ab [1]、ab [2] 分别赋值为 0、1、5。

3) 一维数组的初始化

一维数组的初始化可通过以下几种形式。

①对数组全部元素初始化，例如：static int b [3] = {0，1，2}；。

②可以只给一部分元素赋值，例如：static int b [3] = {0，1}；，后面元素自动赋 0。

③如果想使一个数组中全部元素值为"0"，例如：static int b [3] = {0，0，0}；对

static 数组不赋初值，系统会对所有数组元素自动赋以"0"值，即 static int b［3］;。

④在对全部数组元素赋初值时，可以不指定数组长度。例如 static int b［］＝{0，1，2}，在括号中有 3 个数，系统就会据此自动定义 b 数组的长度为 3。

2. 二维数组的定义与引用

1) 二维数组的定义

定义二维数组的一般形式为：

类型说明符 数组名［常量表达式 1］［常量表达式 2］

例如：int b［2］［2］;

定义一个名为 b 的 2 行 2 列的整型数据数组。b 数组中的元素在内存中的排列顺序为按行存放，如图 2-2 所示。

b[0][0]	第一行第一列的元素
b[0][1]	第一行第二列的元素
b[1][0]	第二行第一列的元素
b[1][1]	第二行第二列的元素

图 2-2　二维数组元素存放图

2) 二维数组的引用

二维数组元素的引用与一维数组元素的引用相似，其形式为：

数组名［下标表达式 1］［下标表达式 2］

下标表达式也可以是任何整型常量、整型变量，或返回整型量的表达式。

若二维数组第一维的长度为 n，第二维的长度为 m，第一个元素的下标为［0］［0］，最后一个下标为［n−1］［m−1］。

3) 二维数组的初始化

① 在定义二维数组时，分行对各元素赋初值，第一个 {} 内元素赋给第一行的元素，第二个 {} 内元素赋给第二行的元素，以此类推。

例如：

int b[2][2]＝{{1,4}{2,3}};

②可以将所有的值写在一个大括号内，按数组在内存中排列的顺序对各元素赋值。

例如：int b[2][2]＝{1,4,2,3};

③可以只对部分元素赋值，其余元素自动为"0"。

例如：int b[2][2]＝{{1}{4}};

这时，b[0][0]的值为 1，b[0][1]的值为 0，b[1][0]的值为 4，b[1][1]的值为 0。

④如果对全部元素都赋值，则定义数组时第一维长度可以省略。

例如：int a[2][2]＝{{1,2},{3,4}};等价于 int a[ ][2]＝{{1,2 },{3,4}};

3. 字符数组

用来存放字符数据的数组称为字符数组。字符数组中的每个元素就是一个字符，既具有普通数组的一般性质，又具有某些特殊性质。

1) 字符数组的定义与初始化

(1) 字符数组的定义。字符数组的定义与数值型数组的定义相类似，它的一般形式为：

char 字符数组名［字符长度］;

例如：char ch［2］;

定义了一个名为 ch，长度为 2 的字符数组。注意，字符数组中的每个元素只能存放一个字符，例如：

ch［0］＝‘A’；

ch［1］＝‘H’；

（2）字符数组的初始化。

方法一：是通过为每个数组元素指定初值字符来实现。

例如：char a［3］＝｛‘0’，‘1’，‘n’｝；

如果赋初值的个数大于数组长度，则作语法错误处理；如果提供的初值个数与预定的数组长度相同，在定义时可以省略数组长度，系统会自动根据初值个数确定数组长度。如果初值个数小于数组长度，则只将这些字符赋给数组中前面那些元素，其余的元素自动定为空字符（即‘\0’）。

方法二：是用字符串常量对字符数组初始化。例如：

char ch［］＝“china”；

2) 字符数组的引用

字符数组的引用和数值数组相类似，形式为：

数组名［下标］

3) 字符串和字符串结束标志

字符串是指若干有效字符的序列，字符串不能存放在一个变量中，只能存放在一个字符型数组中，为了测定字符串的实际长度，在C51中规定以‘\0’字符作为字符串结束标志，在字符数组中占一个空间位置。在字符串常量末尾，编译系统会自动加上‘\0’作为结束符。

例如：static char a［2］＝｛“25”｝；经赋值后 mum 数组中各元素的值为：

2	5	\0

由于空字符作为结束标志，因此，说明字符数组长度时，应为所需长度加1。

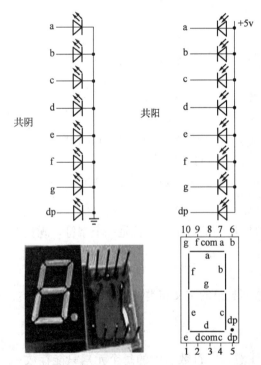

图 2-3 数码管结构图

2.3.2 LED 显示

LED（Light Emitting Diode），即发光二极管，是一种半导体固体发光器件，它是利用固体半导体芯片作为发光材料，当两端加上正向电压，半导体中的载流子发生复合引起光子发射而产生光。LED 可以直接发出红、黄、蓝、绿、青、橙、紫、白色的光。

1. LED 数码管显示

LED 数码显示器是由若干个发光二极管组成的，当发光二极管导通时，相应的点或线段发光，将这些二极管排成一定图形，控制不同组合的二极管导通，显示出不同的字形，常作数码显示用，根据公共引脚接供电和地的连接方式为共阴和共阳两种，单个数码管外观和结构如图 2-3 所示，7、8 脚为公共脚。

LED 数码管中各段发光二极管的伏安特性与普通二极管相类似，只是正向压降大，正向电阻较大，启辉电流 1～2mA，最大电流 10～30mA、动态平均电流 4～5mA，接高于 7.5V 电压时要接限流电阻。

显示时，必须在 8 位段选线（a、b、c、d、e、f、g、dp）上加上相应的电平组合，即一个 8 位数据，这个数据叫字形码（又叫字符的段选码），通常用的段选编码规则如表 2-1 所示（不用小数点，则七段 LED 数码管）。

表 2-1　七段 LED 段选码

显示字符	共阴极段选码	共阳极段选码	显示字符	共阴极段选码	共阳极段选码
0	3FH	C0H	b	7CH	83H
1	06H	F9H	C	39H	C6H
2	5BH	A4H	d	5EH	A1H
3	4FH	B0H	E	79H	86H
4	66H	99H	F	71H	8EH
5	6DH	92H	P	73H	8CH
6	7DH	82H	U	3EH	C1H
7	07H	F8H	y	6EH	91H
8	7FH	80H	Γ	31H	CEH
9	6FH	90H	8.	FFH	00H
A	77H	88H	"灭"	00H	FFH

显示时，显示的内容与输入的字形码（段选码）是不一致的，在显示时需把待显示的数字转换成相应的字形码，这个过程叫译码。译码有硬件译码和软件译码两种方法。硬件译码时常用 74LS47、74LS48、74LS49、74LS164 等译码电路实现。软件译码常用查表法实现。

1) 静态显示

静态显示是数码管的相应笔段一直处于点亮状态，因此功耗大，而且占用硬件资源多，几乎只能用在显示位数极少的场合。在数码管的 abcdefg 引脚上输入段选码输入段码，公共脚 3（8）输入或接对应电平，保持不变，数码管将一直显示对应段码的内容。

例如：下面程序实现在共阳数码静态显示 L。

```
#include<reg51.h>
sbit LINE=P1^0;
main(  )
{
    while(1)
    {
    P2=0xd3;   // L 字形码 11100011
    LINE =1;
    }
}
```

2) 动态显示

动态显示是多只数码管共享段选线，依次输出段选码，同时逐位进行扫描（依次为数码管的公共端加合适的显示电平），数码管处于亮和灭的交替之中，利用人眼的视觉惰性，实现显示的方式，占用硬件资源少，功耗小，但是，扫描周期必须控制在视觉停顿时间内，否则会出现闪烁或跳动现象。

例如，用 P1 口作段选码输出，P2 口作位选控制，2 位数据轮流显示，程序如下：

```
#include<reg51.h>
unsigned char seg[]={0x3f,0x06,0x5b,0x4f,0x66,0x6d,0x7d,0x07,0x7f,0x6f,0xc0};
void delay(unsigned int i)
{
    unsigned int j,k;
    for(j=0;j<i;j++)
    for(k=0;k<120;k++)
        ;
}
main(  )
{
    while(1)
    {
    P2=0xff;
    P1=seg[0];    //显示 1 位
    P2=0xfd;
    delay(1);
    P2=0xff;      //显示 2 位
    P1=seg[1];
    P2=0xfb;
    delay(1);
    }
}
```

实现数码管显示 10。

2. LED 点阵显示

LED 点阵显示器以发光二极管为像素，结构如图 2-4 所示，点阵引脚及实物如图 2-5 所示。按内部电路结构和外形规格分共阳与共阴两种。

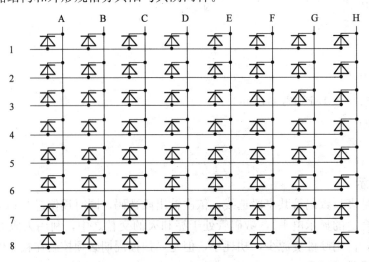

图 2-4　点阵结构图

它用高亮度发光二极管芯阵列组合后，用环氧树脂和塑模封装而成，具有高亮度、功耗低、引脚少、视角大、寿命长、耐湿、耐冷热、耐腐蚀等特点。

LED点阵显示器可显示红、黄、绿、橙等颜色，按显示颜色多少分为单色和双色两类，规格有4×4、4×8、5×7、5×8、8×8、16×16、24×24、40×40等多种。根据像素的数目分为单基色、双基色、三基色等。单基色点阵只能显示固定色彩，如红、绿、黄等单色。双基色和三基色点阵显示内容的颜色，由像素内不同颜色发光二极管点亮组合方式决定，如红绿都亮时可显示黄色。如果用脉冲方式控制二极管的点亮时间，则可实现256或更高级灰度显示，即可实现真彩色显示。

由于LED管芯大多为高亮度型，因此某行或某列的单体LED驱动电流可选用窄脉冲，但其平均电流应限制在20mA内，多数点阵显示器的单体LED的正向压降约在2V左右，但大亮点 ∮10的点阵显示器单体LED的正向压降约为6V。

LED点阵显示器单块使用时，既可代替数码管显示数字，也可显示各种中西文字、符号、图形。若用多块点阵显示器组合，则可构成大屏幕显示器。

在实际应用中一般采用动态显示方式，动态显示采用扫描的方式工作，由峰值较大的窄脉冲驱动，从上到下逐次不断地对显示屏的各行进行选通，同时又向各列送出表示图形或文字信息的脉冲信号，反复循环以上操作，就可显示各种图形或文字信息。

如图2-6所示，在8×8点阵的行线上依次输入如下字形码：

0EFH，83H，0ABH，83H，0ABH，83H，0EEH，0E0H

同时在8×8点阵的列线上轮流输入高电平，则可以在8×8共阳LED点阵上显示汉字"电"。

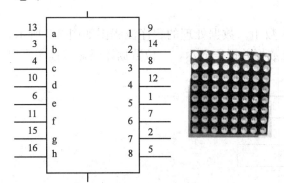

图2-5　点阵引脚及实物图

	行线输入数据							
EFH	1	1	1	0	1	1	1	1
83H	1	0	0	0	0	0	1	1
ABH	1	0	1	0	1	0	1	1
83H	1	0	0	0	0	0	1	1
ABH	1	0	1	0	1	0	1	1
83H	1	0	0	0	0	0	1	1
EEH	1	1	1	0	1	1	1	0
E0H	1	1	1	0	0	0	0	0

图2-6　汉字点阵示意图

用P0口作字符数据输出端口，P2口作扫描控制字输出，显示程序如下：

```c
#include<reg51.h>
unsigned char Font[8]={ 0xEF,0x83,0x0AB,0x83,0xAB,0x83,0xEE,0xE0};
unsigned char rank[8]={0xfe,0xfd,0xfb,0xf7,0xef,0xdf,0xbf,0x7f};
/ *************** 延迟函数 ************ /
void delay(unsigned char time)
    {
    unsigned char i;
    for(i=0;i<time;i++)
    ;
    }
```

```
/ ************** 显示函数 ************** /
    void display(unsigned char dat,unsigned char rank)
      {
      P2=0xff;
      P1=dat;    //输出字形码
      P2=rank;
      delay(200);
      }
/ ************** 主函数 ************** /
    main(   )
    {
      unsigned char i;
      while(1)
        {
         for(i=0;i<8;i++)
         display(Font[i],rank[i]);
        }
    }
```

3. 案例：编程数码管显示门牌号

1) 编程要求

编写程序显示自己教室的 3 位门牌编号。

2) 编程思路

首先分别求出 3 位数门牌编号的各位存入数组。数据处理的程序流程图如图 2-7 所示，然后，以动态显示方式，从数组中读出每一位数据并译码显示，一位数据译码显示程序流程图如图 2-8 所示，主程序流程图如图 2-9 所示。

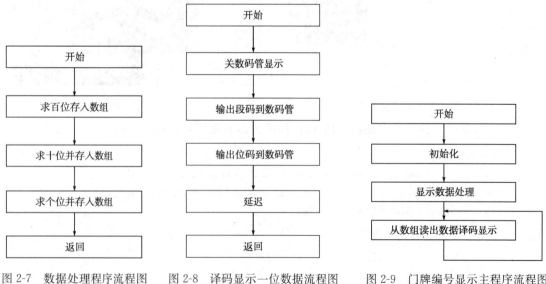

图 2-7　数据处理程序流程图　　图 2-8　译码显示一位数据流程图　　图 2-9　门牌编号显示主程序流程图

3) 设计程序

根据流程图设计程序，参考程序如下：

```
#include<reg51.h>
unsigned char seg_dm[10]={0x3f,0x06,0x5b,0x4f,0x66,0x6d,0x7d,0x07,0x7f,0x6f};
unsigned char display_dat[3];
/* * * * * * * * * * * * * * 延迟函数 * * * * * * * * * * * * */
void delay(unsigned int time)
{
unsigned int i,j;
    for(i=0;i<time;i++)
    for(j=0;j<120;j++)
        ;
}


/* ************* 数据处理函数 *********** */
change_dat(int bj_dat)
{
  display_dat[0]=bj_dat/100;
  display_dat[1]=bj_dat%100/10;
  display_dat[2]=bj_dat%100%10;
}
/* *********** 显示一位数据函数 *********** */
display(unsigned char dat,unsigned char bit_code)
{
  P2=0xff;    //关断
  P1=seg_dm[dat];    //输出 dat 的段码
  P2=bit_code;    //输出位码
  delay(10);    //延迟
}
/* *********** 门牌编号显示函数 *********** */
main(   )
{
  change_dat(308);    //处理门牌编号 308
  while(1)
  {
  display(display_dat[0],0xfe);    //显示门牌编号
  display(display_dat[1],0xfd);
  display(display_dat[2],0xfb);
  }
}
```

4. 案例：编程在 8×8 点阵上显示汉字

1) 编程要求

编写程序在 8×8 点阵上轮流显示汉字"中国"。

2) 编程思路

首先以"大"字形码构建数组，然后以一定速度依次读出显示即可，主程序流程图如图

2-10 所示。

3) 设计程序

根据流程图设计程序，参考程序如下：

```
#include<reg51.h>
unsigned char Font[32]={0x00,0x7C,0x54,0xFF,0x55,0x55,0x7D,0x3,    //电
                        0x10,0x90,0x91,0xBF,0xFE,0xD0,0x90,0x10,    //子
                        0x29,0xFF,0x29,0x51,0x5F,0xF2,0x5D,0x51,    //技
                        0x22,0x24,0x38,0xFF,0xFF,0xAC,0xE6,0x22     //术
                        };
    unsigned char rank[8]={0xfe,0xfd,0xfb,0xf7,0xef,0xdf,0xbf,0x7f};    //列控制码
/************* 延迟函数 ************/
    void delay(unsigned int time)
     {
        unsigned int i,j;
        for(i=0;i<time;i++)
        for(j=0;j<120;j++)
          ;
     }
/************* 显示一列函数 ************/
    void display(unsigned char dat,unsigned char rank)
     {
        P2=0xff;
        P1=dat;
        P2=rank;
        delay(1);
     }
/************* 主函数 ************/
main(   )
{
    unsigned char i,j,k;
    while(1)
    {
    for(j=0;j<4;j++)
    for(k=0;k<200;k++)     //每个字显示200次
    for(i=0;i<8;i++)
    display(Font[i+8*j],rank[i]);
    }
}
```

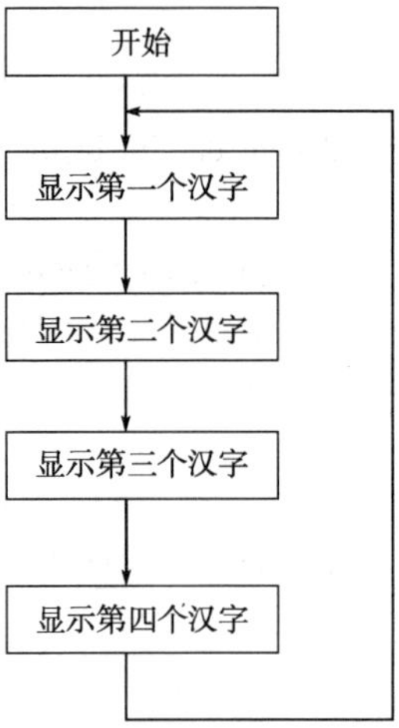

图 2-10　主程序流程图

2.3.3　MCS-51 单片机中断系统

1. 中断

1) 中断的概念

计算机在执行程序的过程中，当出现 CPU 以外的某种情况，由服务对象向 CPU 发出

中断请求信号，要求 CPU 暂时停止当前程序的执行，转去执行其他相应的处理程序，待其他程序执行完毕后，再继续执行原来被停止的程序。这种程序在执行过程中被中间打断的情况称为"中断"。

"中断"后所执行的相应的处理程序称为中断服务或中断处理函数，原来正常运行的程序称为主程序。主程序被断开的位置（或地址）称为"断点"。引起中断的事件或装置称为中断源。中断源的服务请求称为中断请求。

调用中断服务程序的过程类似于调用函数，其区别在于调用函数在程序中是事先安排好的，而何时调用中断服务程序事先却无法确定，因为"中断"的发生是由外部因素决定的。

2) 中断的功能

（1）分时操作。中断可以解决 CPU 与外设之间速度不一致的矛盾，使 CPU 和外设同时工作。CPU 在启动外设工作后，继续执行主程序，同时外设也在工作，每当外设做完一件事就发出中断申请，请求 CPU 中断它正在执行的程序，转去执行中断服务程序，中断处理完之后，CPU 恢复执行主程序。这样，提高了 CPU 的效率。

（2）实时处理。在实时控制中，现场的各种参数、信息均随时间和现场而变化。这些外界部件可根据要求随时向 CPU 发出中断申请，请求 CPU 及时处理，如中断条件满足，CPU 就响应，进行相应的处理，从而实现实时处理。

（3）故障处理。针对难以预料的情况或故障，如断电、存储出错、运算溢出等，可通过中断系统由故障源向 CPU 发出中断请求，再由 CPU 转到相应的故障处理程序进行处理。

2. MCS-51 的中断系统

1) 中断系统的组成

MCS-51 中断系统由 4 个与中断相关的特殊功能寄存器（TCON、SCON、IE、IP）、中断入口、中断顺序查询逻辑电路等组成，如图 2-11 所示。

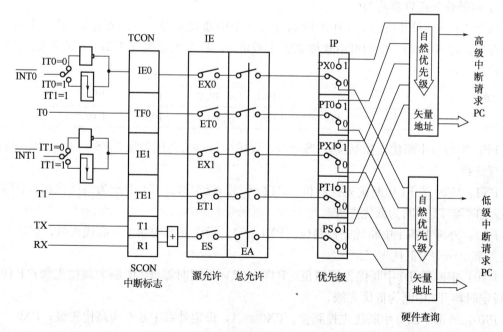

图 2-11　MCS-51 中断系统内部结构示意图

当中断发生时，相应中断源的中断标志位置"1"，如果相应中断源和中断允许总控制位被允许，CPU就会响应中断请求。

2) 中断源

MCS-51共有5个中断源，两个外部中断（/INT0、/INT1），两个定时器益处中断（T0溢出、T1溢出）和一个串行口中断。

3) 中断的允许与禁止

MCS-51系列单片机的5个中断源，都是可屏蔽中断，其中断系统内部设有一个专用寄存器IE，用于控制CPU对各中断源的开放或屏蔽。IE寄存器各位定义如下：

IE:	IE.7			IE.4	IE.3	IE.2	IE.1	IE.0
(A8H)	EA			ES	ET1	EX1	ET0	EX0

EA：总中断允许控制位。EA＝1，开放所有中断；EA＝0，禁止所有中断。

ES：串行口中断允许位。ES＝1，允许串行口中断；ES＝0禁止串行口中断。

ET1：定时器T1中断允许位。ET1＝1，允许T1中断；ET1＝0，禁止T1中断。

EX1：外部中断1（INT1）中断允许位。EX1＝1，允许外部中断1（INT1）中断；EX1＝0，禁止外部中断1中断。

ET0：定时器T0中断允许位。ET0＝1，允许T0中断；ET0＝0，禁止T0中断。

EX0：外部中断0（INT0）中断允许位。EX0＝1，允许外部中断0中断；EX0＝0，禁止外部中断0（INT0）中断。

8051单片机系统复位后，IE中各中断允许位均被清0，即禁止所有中断。只有用指令设定EA＝1和相应中断源允许位=1，才能打开。

例如，只允许TI中断，设置为：IE＝0x88；。

4) 中断优先级寄存器IP

MCS-51系列单片机的5个中断源划分为2个中断优先级。专用寄存器IP为中断优先级寄存器，IP中的每一位均可由软件来置1或清0，且1表示高优先级，0表示低优先级，其格式如下：

IP:				IP.4	IP.3	IP.2	IP.1	IP.0
				PS	PT1	PX1	PT0	PX0

PS：串行口中断优先控制位。PS＝1，设定串行口为高优先级；PS＝0，设定串行口为低优先级。

PT1：定时器T1中断优先控制位。PT1＝1，设定时器T1中断为高优先级；PT1＝0，设定时器T1中断为低优先级。

PX1：外部中断1中断优先控制位。PX1＝1，设定外部中断1为高优先级；PX1＝0，设定外部中断1为低优先级。

PT0：定时器T0中断优先控制位。PT0＝1，设定时器T0中断为高优先级；PT0＝0，设定时器T0中断为低优先级。

PX0：外部中断0中断优先控制位。PX0＝1，设定外部中断0为高优先级；PX0＝0，设定外部中断0为低优先级。

当系统复位后，IP低5位全部清0，所有中断源均设定为低优先级。可通过编程确定高、低优先级。例如，要设定串行口中断为最高优先级，则设置 IP＝0x10；。

如果几个同一优先级的中断源，同时向 CPU 申请中断，CPU 通过内部硬件查询逻辑，按自然优先级顺序确定先响应哪个中断请求。自然优先级由硬件形成，顺序如表 2-2 所示。

表 2-2　MCS-51 系列单片机中断优先级

中断源	同级自然优先级
外部中断 0	最高级
定时器 T0 中断	
外部中断 1	
定时器 T1 中断	
串行口中断	最低级

多个中断源，如果程序中没有中断优先级设置指令，则按自然优先级进行排列。实际应用中，常把 IP 寄存器和自然优先级相结合使用。

当 CPU 响应某一中断时，若有更高优先级的中断源发出中断请求，则 CPU 能中断正在进行的中断服务程序，并保留程序的断点，响应高级中断，高级中断处理结束以后，再继续进行被中断的中断服务程序，其示意图如图 2-12 所示，这个过程称为中断嵌套。如果发出新的中断请求的中断源的优先权级别，与正在处理的中断源同级或更低时，CPU 不会响应这个中断请求，直至正在处理的中断服务程序执行完以后，才能去处理新的中断请求。

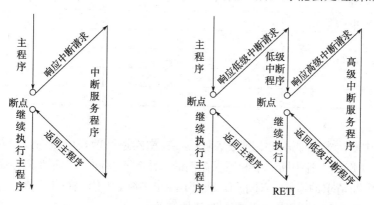

图 2-12　中断嵌套流程图

3. 中断处理过程

中断处理过程可分为中断响应、中断处理和中断返回三个阶段。

1) 中断响应

中断响应是 CPU 对中断源中断请求的响应，包括保护断点和将程序转向中断服务程序的入口地址。CPU 响应中断请求，必须满足以下条件。

①有中断源发出中断请求。

②中断总允许位 EA＝1。

③申请允许中断的中断源。

满足以上基本条件，CPU 一般会响应中断，但若有下列任何一种情况存在，则中断响应会受到阻断。

①CPU 正在响应同级或高优先级的中断。

②当前指令未执行完。

③正在执行 RETI 中断返回指令或访问专用寄存器 IE 和 IP 的指令。

若存在上述任何一种情况，中断查询结果即被取消，CPU 不响应中断请求，而在下一机器周期继续查询中断。

如果中断请求被阻断，则中断响应时间将延长。例如，一个同级或更高级的中断正在进行，则附加的等待时间取决于正在进行的中断服务程序的长度。如果正在执行的一条指令还没有进行到最后一个机器周期，则附加的等待时间为 1～3 个机器周期（因为一条指令的最长执行时间为 4 个机器周期）。如果正在执行的指令是 RETI 指令或访问 IE 或 IP 的指令，则附加的等待时间在 5 个机器周期之内。

若系统中只有一个中断源，则中断响应时间为 3～8 个机器周期。

2) 中断响应过程

中断响应过程包括保护断点和将程序转向中断服务程序的入口地址。首先，中断系统通过自动调用指令（LACLL），该指令将自动把断点地址压入堆栈保护（不保护累加器 A、状态寄存器 PSW 和其他寄存器的内容），然后，将对应的中断入口地址装入程序计数器 PC，程序转向该中断入口地址，执行中断服务程序。MCS-51 系列单片机各中断源的入口地址由硬件事先设定，其入口地址如表 2-3 所示。

表 2-3　MCS-51 系列单片机中断源的入口地址

中　断　源	入　口　地　址	中　断　号
外部中断/INT0	0x0003	0
定时器 T0 中断	0x000B	1
外部中断/INT1	0x0013	2
定时器 T1 中断	0x001B	3
串行口中断	0x0023	4

3) 中断返回

CPU 响应中断请求后即进入中断服务程序，在中断返回前，应撤除该中断请求，否则会引起重复中断。MCS-51 各中断源中断请求撤消的方法各不相同，中断请求的撤除分别如下。

①定时器中断请求的撤除。对于 T0 或 T1 溢出中断，CPU 在响应中断后即由硬件自动清除其中断标志位 TF0 或 TF1，无需采取其他措施。

②外部中断请求的撤除。对于边沿触发的外部中断 0 或 1，CPU 在响应中断后由硬件自动清除其中断标志位 IE0 或 IE1，无需采取其他措施。

对于电平触发的外部中断，其中断请求撤除方法较复杂。因为对于电平触发外中断，CPU 在响应中断后，硬件不会自动清除其中断请求标志位 IE0 或 IE1，同时，也不能用软件将其清除，所以，在 CPU 响应中断后，应立即撤除/INT0 或/INT1 引脚上的低电平，否则会引起重复中断。

③串行口中断请求的撤除。对于串行口中断，CPU 在响应中断后，硬件不能自动清除中断请求标志位 TI、RI，必须在中断服务程序中用软件将其清除。

4. 中断服务函数与寄存器组定义

C51 编译器通过扩展关键字 interrupt，可将函数转化为中断服务函数，这时 C51 自动为函数加上汇编码中断程序头段和尾段，并根据中断号找到中断入口地址，它的一般形式为：

函数类型　函数名（形式参数表）［interrupt　n］［using　n］

①关键字 interrupt 后面的 n 是中断号，表 2-4 为 8051 中断号与中断向量（中断入口地址）。

表 2-4　8051 中断号与中断向量

中断号	中断源	中断向量
0	外部中断 0	0003H
1	T0	000bH
2	外部中断 1	0013H
3	T1	001bH
4	串行口	0023H

关键字 interrupt 不允许用于外部函数。

②关键字 using n 可以指定在函数内部使用的寄存器组，n 的取值为 0～3，分别对应 8051 单片机片内 RAM 中使用的 4 个不同的工作寄存器组。

2.3.4　外部中断源

1. 外部中断源概述

/NT0 的中断请求由 P3.2 脚输入，/INT1 的中断请求由 P3.3 脚输入。外部中断 0 中断号为 0，入口地址为 0003H，外部中断 1 中断号为 2，入口地址为 0013H。

2. 外部中断源的控制寄存器的设置

外部中断触发方式、中断的禁止与允许、优先级的高低，由中断请求、中断允许、中断优先级 3 个方面的寄存器控制。

1) 触发方式设置

外部中断源的触发方式有电平触发和边沿触发两种，通过定时和外部中断控制寄存器 TCON 的 IT0 和 IT1 位设定，TCON 的结构如下：

TCON	8FH	8EH	8DH	8CH	8BH	8AH	89H	88H
(88H)	TF1		TF0		IE1	IT1	IE0	IT0

IT0、IT1 分别为外部中断 0（/INT0）和外部中断 1（INT1）触发方式选择位。当设定 IT0（IT1）为"0"时，为电平（低电平）触发方式；当设定 IT0（IT1）为"1"时，为边沿（下降沿）触发方式。

IE0、IE1 为分别为外部中断 0（/INT0）和外部中断 1（INT1）的中断标志位。当 INT0（INTI）输入信号有效，引发了中断，IE0（IE1）由硬件置位，标志位为"1"，否则复位为"0"。

例如，设置外部中断 0（/INT0）为边沿方触发式，外部中断 1（/INT1）为电平方触发式，设置如下：

TCON＝0X01;　　//设置的二进制码为 00000001（其他位未用时设置为 0）

2) 中断源的允许与禁止

外部中断源的允许与禁止，通过对中断允许寄存器 IE 中 EA、EX0、EX1 三位进行设置。IE 结构如下：

IE:	IE.7			IE.4	IE.3	IE.2	IE.1	IE.0
	EA			ES	ET1	EX1	ET0	EX0

EA：总中断允许控制位。

EX1：外部中断1（/INT1）中断允许位。EX1 = 1，允许外部中断1中断；EX1 = 0，禁止外部中断1中断。

EX0：外部中断0（/INT0）中断允许位。EX0 = 1，允许外部中断0中断；EX0 = 0，禁止外部中断0中断。

例如，设置/INT0为允许，/INT1为禁止，设置如下：

IE=0X81；　　//设置的二进制码为00000001（其他位未用时设置为0）

或："EA=1；EX0=1；EX1=0；"。

3) 优先级的设置

外部中断源优先级由优先级寄存器IP的PX0、PX1进行设定，IP的结构如下：

			IP.4	IP.3	IP.2	IP.1	IP.0
IP：			PS	PT1	PX1	PT0	PX0

PX1：外部中断1中断优先控制位。PX1 = 1，外部中断1为高优先级；PX1 = 0，外部中断1为低优先级中断。

PX0：外部中断0中断优先控制位。PX0 = 1，外部中断0为高优先级中断；PX0 = 0，外部中断0为低优先级中断。

例如，设定外部中断1为最高优先级，设置为："IP=0X04；"。

3. 外部中断源的扩展

8051单片机只有两个外部中断请求输入端/INT0和/INT1，在实际应用中，若外部中断源超过两个，则需扩充外部中断源。常用以下两种方法扩展中断源。

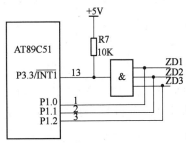

图2-13　一个外中断扩展成多个
外中断的电路图

①用定时计数器扩展中断源。例如，在键盘程序设计中常用定时器溢出产生中断，在中断程序用查询方式识别按键。

②中断和查询相结合扩展中断源。外部中断引入端通过一个与门，连接至外部中断输入端（/INT0或/INT1脚），同时，利用并行输入端口作为多个中断源的识别端口，当外部中断引入端全部为高时，与门输出高，没有中断申请；当外部中断引入端中任何一个由高变低时，与门输出将由高变低，产生中断申请信号，CPU即可以响应中断，其电路图如图2-13所示。

4. 外部中断源设置流程

外部中断的应用主要是对中断源进行初始化准备与中断服务程序的设计。其中中断源初始化就是在主程序中设置外部中断源的触发方式、允许中断、设置优先级等，为触发中断作好准备。

例如，要求外部中断1为电平触发方式，允许中断，优先级最高，则初始化如下：

TCON=0X00；

IE=0X84；

IP=0X04；

中断服务程序主要完成中断请求需做的事情，外部中断服务函数的格式如下：

函数类型 函数名(形式参数表)[interrupt 中断号(0 或 2)] [using n]
{
 ……; //关中断,防止重复中断
 ……; //中断请求
 ……; //开中断
}
例如,假设外部中断 1 请求 P1.0 外接的 LED 点亮 ,中断服务函数如下:

```
void  LED_on( )interrupt  2 using  1
{
 EX1=0;
 LED=0;
 EX1=1;
}
```

5. 案例:编程外部中断 0 控制 LED 亮灭

1) 程序要求

当外部中断 0 遇到下降沿时,P1.0 外接的 LED(负端接 I/O)亮灭翻转。

2) 编程思路

首先对外部中断 0 进行初始化:设置为边沿触发方式,开中断,然后在中断服务程序控制 LED 的亮灭变化。其主程序流程图如图 2-14 所示。中断服务程序流程图如图 2-15 所示。

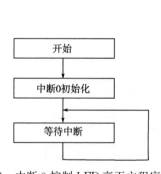

图 2-14 中断 0 控制 LED 亮灭主程序流程图

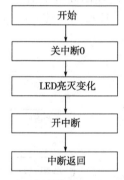

图 2-15 中断服务程序流程图

3) 设计程序

根据流程图设计程序,参考程序如下:

```
#include<reg51.h>
sbit LED=P1^0;
/ ************* 中断 0 初始化函数 ****************** /
void  Int0_ init( )
{
 TCON=0X01;
 IE=0X81;
 IP=0X01;
}
/ ************* 主函数 ****************** /
```

```
main(   )
{
Int0_ init( );
while(1);
}
/ **********外部中断 0 中断服务函数 *********** /
void   LED_on_off( )interrupt   0 using   1
{
  EX0=0;
  LED=！LED;
  EX0=1;
}
```

2.4　项目实施

2.4.1　楼道人数计数器总体设计思路

计数器基本功能实现思路是：用 AT89C51 单片机构建最小系统，它的两个外部中断源分别作加 1 与减 1 计数请求端口。进门感应装置与出门感应装置在有人通过时输出低电平信号，无人通过时输出高电平信号，产生的低电平或下降沿可作外部中断的触发信号。每进出1 人中断 1 次，楼道内人数为进门人数与出门人数之差，用 3 个数码管显示，总体结构框图如图 2-16 所示。

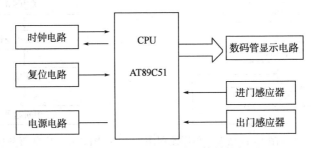

图 2-16　楼道人数计数器总体结构框图

2.4.2　设计楼道人数计数器电路

AT89C51 单片机采用通电复位形式，时钟电路采用 12MHz 的振荡频率，22pF 电容作微调电容，P1 口作显示段码输出端口，P2 口作位码输出端口，4 位数码管作显示，其中 2位显示总人数，2 位显示楼道内人数。进门感应装置和出门感应装置，分别与外部中断源 0、中断 1 接口，楼道人数计数器电路图如图 2-17 所示。

2.4.3　设计楼道人数计数器程序

1) 程序设计思路

外部中断 0 作进门人数计数请求中断源，外部中断 1 作出门人数计数请求中断源，均采用边沿触发方式，每进出 1 人则中断一次，在外部中断 0 服务程序里完成人数加 1 计算，在

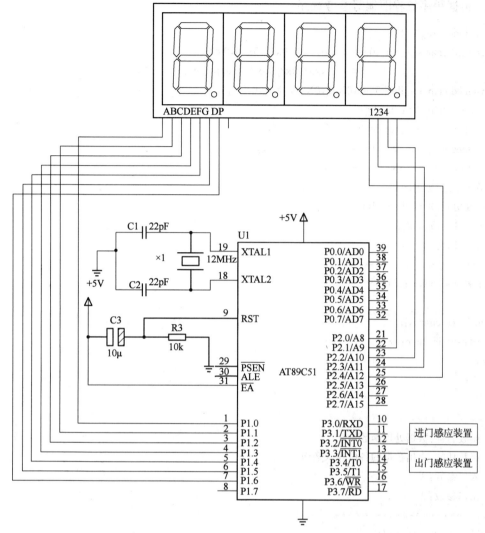

图 2-17　楼道人数计数器电路图

外部中断 1 服务程序里完成人数减 1 计算，采用动态显示方式。中断服务程序参考流程图如图 2-18 所示，主程序流参考程图如图 2-19 所示。

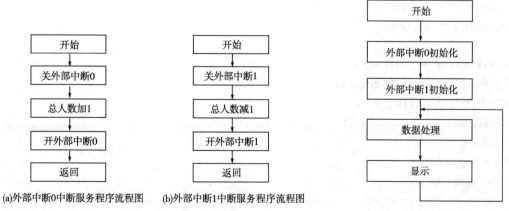

(a)外部中断0中断服务程序流程图　　(b)外部中断1中断服务程序流程图

图 2-18　中断服务程序参考流程图

图 2-19　楼道人数计数器主程序参考流程图

2) 根据程序流程图编写参考程序

```
#include<reg51.h>
unsigned char seg_dm[10]={0xc0,0xf9,0xa4,0xb0,0x99,
                          0x92,0x82,0xf8,0x80,0x90};
unsigned char bit_line[5]={0X02,0X04,0X08,0X10};
unsigned char data_disply[4];
unsigned char dat_Total=0;     //定义总人数
unsigned char dat_Quantity=0;     //定义净人数
/***********************
  函数名称:延迟函数
  函数功能:延迟 time * 10ms
  入口参数:延迟时间
  出口参数:无
 **********************/
delay(unsigned char time)
{
 unsigned char i,j;
 for(i=0;i<time;i++)
 for(j=0;j<120;j++)
     ;
}
/***********************
  函数名称:数据处理函数
  函数功能:求出数据的各位存入数组
  入口参数:无
  出口参数:无
 **********************/
void data_change(void)
{
 data_disply[0]=dat_Total/10;
 data_disply[1]=dat_Total%10;
 data_disply[2]=dat_Quantity/10;
 data_disply[3]=dat_Quantity%10;
}
/***********************
 函数名称:外部中断 INT0 初始化函数
 函数功能:外部中断 INT0 设置
 入口参数:无
 出口参数:无
**********************/
 void INT0_init(void)
 {
     IT0=1;     //触发方式
```

```
        EA=1;      //开中断
        EX0=1;
}
/ ***********************
    函数名称:外部中断 INT1 初始化函数
    函数功能:外部中断 INT1 设置
    入口参数:无
    出口参数:无
    **********************/
void INT1_init(void)
{
        IT1=1;
        EA =1;
        EX1=1;
}
/ ************************
函数名称:显示一位数据函数
函数功能:显示一位数据
入口参数:显示内容 dat,显示位码 bit_code
出口参数:无
    ***********************/
void display(unsigned char dat,unsigned char bit_code)
{
    P2=0x00;
    P1=seg_dm[dat];
    P2=bit_code;
    delay(5);
}
/ ***********************
    函数名称:主函数
    ***********************/
main(  )
{
unsigned char i;
INT0_init( );
INT1_init( );
while(1)
 {
    data_change( );
    for(i=0;i<4;i++)
    display( data_disply[i],bit_line[i]);
 }
}
/ ************** 外部中断 0 服务程序 *************** /
```

```
void Init0( )interrupt 0 using 0
{
    EX0＝0；
    dat_Total＋＋；    //总人数加 1
    dat_Quantity＋＋；    //净人数加 1
    EX0＝1；
}
/ ＊＊＊＊＊＊＊＊＊＊＊＊＊＊ 外部中断 1 服务程序 ＊＊＊＊＊＊＊＊＊＊＊＊＊＊＊＊＊ /
void Init1( )interrupt 2 using 1
{
    EX1＝0；
    dat_Quantityt--；    //减 1 计数
    EX1＝1；
}
```

2.4.4 仿真楼道人数计数器

按照硬件电路图，用按键代替进门与出门感应装置，用 Proteus 软件建立如图 2-20 仿真模型。

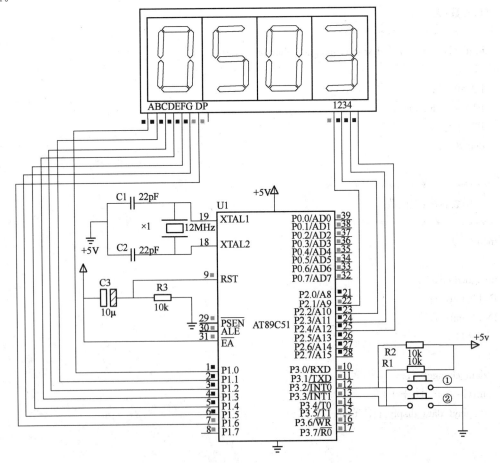

图 2-20 楼道人数计数器仿真模型

2.4.5　调试楼道人数计数器

（1）仿真调试成功后，按电路图在实验板上安装元件并进行检测。

（2）烧录 hex 文件，运行程序。

（3）以按键代替进出入感应装置，进行模拟楼道人数计数，观察程序是否正常运行。

（4）根据运行情况，调整电路或元件参数、优化程序，重新调试，达到较好的效果。

▰ 2.5　拓展训练 ▰

（1）设计制作车位计数器，用数码管显示空车位数量，并自动识别出入库车辆，自动打开道闸。

（2）用 8×8 点阵设计一个小点阵显示屏，能动态显示"电子技术"4 个汉字。

项目 3

设计制作数字频率计

①掌握 C51 指针的基本应用；
②掌握 MCS-51 系列定时 \ 计数器的应用；
③熟悉定时 \ 计时器工作方式，定时 \ 计数器的应用；
④熟练 C51 程序设计；
⑤巩固数码管显示技术。

3.2 项目任务

1) 项目要求
①用 Keil C51、Proteus 等软件作开发工具；
②用 AT89C51 单片机作控制；
③数码管作显示；
④能测试 $1 \sim 100\,\text{Hz}$ 的信号频率，误差允许 $\pm 1\text{Hz}$；
⑤发挥扩充功能：如高位消隐、扩展频率范围等。

2) 设计制作任务
①拟定总体设计制作方案；
②设计硬件电路；
③编制程序流程图及设计相应源程序；
④仿真调试数字频率计；
⑤安装元件，制作数字频率计，调试功能指标。

3.3 相关知识

3.3.1 指针

1. 指针的概念

1) 指针与指针变量
C51 中对变量的存取有两种形式：一种是按变量名存取，即直接访问；另一种是间接访问，间接访问是通过一个变量（存储单元）访问到变量 i 的地址值，再通过这个地址找到 i 的值。

在间接访问时，地址起到寻找操作对象的作用，像一个指向对象的指针，所以把地址称为"指针"。这种指向变量的地址的变量叫做指针变量。因此，指针变量就是用来存放地址的变量，变量的指针就是变量的地址。

2) 指针变量的定义

指针变量用"*"符号表示指向，它的一般形式为：

数据类型［存储器类型 1］*［存储器类型 2］变量名；

例如：int * ap，* bp;　　//将 ap，bp 定义为 int 型指针

"*"为指针运算符。

"数据类型"说明了该指针变量所指向的变量类型。

"存储类型 1"和"存储类型 2"是可选项，它是 C51 编译器的扩展。如果带有"存储器类型 1"选项，则指针被定义为基于存储器的指针，选择有助于指定指针的长度。

data、idata、pdata　一字节指针

xdata、code　二字节指针

未指定（默认）　三字节通用指针

若无此选项，则被定义为通用指针，在内存中占三个字节，第一个字节存放该指针存储器类型的编码；第二和第三字节分别存放该指针的高位和低位地址偏移量。存储器类型编码值如表 3-1 所示。

表 3-1　存储器类型编码值

存储器类型	idata	xdata	pdatd	data	code
编码值	1	2	3	4	5

"存储器类型 2"选项用于指定指针本身的存储器空间，一般不指定。如不指定，则由编译器存储模式决定。指定时，有 data、idata、pdata、xdata、code 等。

C51 库函数采用了一般指针，函数可以利用一般指针来存取位于任何存储器空间的数据。在给指针作定义时，除必须说明所指对象的类型外，还要指定对象所在存储器空间，以及确定指针长度。另外，对指针本身也要确定其存储区，指针本身放在片外存储空间时，存取时间较长，一般将指针定义在片内存储空间。一个指针变量只能指向同一类型的变量。

在用变量指针时，如定义外部端口的地址，必须注意定义存储类型和偏移量。例如，要将数值 0x41 写入地址为 0x8000 的外部数据存储器中，可用如下代码实现。

　　♯include "absace. h"

XBYTE［0X8000］＝0X41;

其中，XBYTE 是一个指针，它在头文件 absace. h 中的定义为：

♯define　XBYTE　　（（unsigned char volatile　xdata *）0）//XBYTE 被定义为指向 xdata 地址空间 unsigned char 数据类型的指针，指针值为 0（volatile 的作用就是让编译器不至于优化掉它的操作）。这样，就可以直接用 XBYTE［0xnnnn］或 *（XBYTE＋0xnnnn）访问外部 RAM 的 0xnnnn 单元。

3) 指针变量的操作

指针变量只能存放地址，使用之前不仅必须先定义（声明），而且必须赋予具体的值。

指针变量的操作运算符有取地址运算符 &、指针运算符 *。

其中取地址运算符"&"用来表示变量的地址，一般形式为：

&变量名

例如，&i 表示已定义变量 i 的地址。

访问指针变量所指向的变量的一般格式为：

*指针变量名

例如：

```
int a＝0x3f；
int * p；      //定义指针变量 p
p＝&a；         //把变量 a 的地址赋给指针变量 p
P0＝* p；       //指针变量 p 指向的变量的值从 P0 口输出
```

上述程序段运行后，则 P0 口输出 0x3f。

注意：定义指针变量时，变量前加 *，表示该变量为指针变量。使用指针变量时，指针变量名前加 *，则表示该指针变量指向的变量，指针变量在使用前必须先赋值（与类型相匹配的变量的地址）。

2. 指针运算

1) 指针的赋值运算

指针的赋值运算可以把一个地址赋给一个指针变量，例如：

```
int * p1, * p2, * p3；
int a, array[12]；
p1＝&a；        //将变量 a 的地址赋给指针变量 p1
p2＝ array     //将数组 array 的首地址赋给指针变量 p2
p1＝array[i]；   //将数组 array 第 i 个元素的地址赋给指针变量 p1
p1＝p2；        //指针变量 p2 的值赋给 p1
注意,不能把一个数据赋给指针变量,例如：
int * p1；
p1＝0x12；      //错误
```

2) 指针与整数的加减

指针变量加（减）是将该指针变量的值（地址）和它指向的变量所占的内存的字节数与要加（减）的整数的乘积相加（减）。

例如，p 指向 int 型数据，那么 p＋3 指向 p 后面第 3 个对象，其值（地址）是 p 的值（地址）加 6。

```
p++；   // p 指向下一个对象
p--；   //p 指向前一个对象
p+i；   //当前对象后第 i 个对象
p - i；  // 当前对象前指向第 i 个对象
p+＝i；  //p 指向当前对象后第 i 个对象
p - ＝i； //p 指向当前对象前第 i 个对象
```

3) 两个指针变量相减

如果两个指针变量指向同一个数组的元素，则两指针变量值之差是两个指针之间元素个数加 1，它表示两个指针之间的距离或元素的个数。

3. 指针与数组

1) 指向数组的指针

数组的指针是指数组的起始地址（首地址），数组元素的指针则是数组元素的地址。

一个数组占用一段连续的内存单元，C51 规定数组名即为这段内存单元的首地址。每个数组元素按其类型的不同占有几个连续的存储单元，一个数组元素的地址就是它所占用的连续内存单元的首地址。

定义一个指向数组元素的指针变量的方法，与指向变量的指针变量相同。

例如：int a [4]；   //定义 a 为包含 4 个整型数据的数组

　　　 int ＊p；   //定义 p 为指向 int 型变量的指针变量

对该指针元素赋值：

　　　　p＝&a [0]；

把 a [0] 元素的地址赋给指针变量 p，即 p 指向 a 的第 0 个元素。

C51 规定，数组名代表数组的首地址，因此，p＝&a [0]；与 p＝a；等价。

2) 用指针引用数组元素

在定义数组指针并把它指向某个数组后，可以通过指针来引用数组元素，如 p＋1 指向数组中的 a [1] 元素。如果定义的数组是 int 型，那么 p＋1 就是 p 的值增加 2，以指向下一个元素。p＋i 和 a＋i 就是 a [i] 的地址，即指向 a 数组的第 i 个元素 , ＊（p＋i）＝ ＊（a＋i）＝a [i] ＝p [i]。指向数组的指针变量也可以用下标表示。

例如：利用指针来实现输出数组元素。

```
#include<reg51.h>
unsigned char code dispbit[]={0xfe,0xfd,0xfb,0xf7,0xef,0xdf,0xbf,0x7f};
unsigned char code table[]={0x3f,0x06,0x5b,0x4f,0x66,0x6d,0x7d,0x07};
void delay(unsigned char i)
{
 Unsigned char j,k;
 for(j=0;j<i;j++)
  for(k=0;k<120;k++)
    ;
}
main(   )
{
unsigned char i;
unsigned char ＊p1,＊p2;
p1=dispbit;
    p2=table;
    while(1)
    {
      for(i=0;i<8;i++)
      {
      P1= p2[i];
```

```
        P2= p1[i];
        delay(1);
        P2=0xff;
      }
    }
}
```

本程序实现用数码管显示 76543210。

4. 指针与字符串

在 C51 中，处理字符串的方法，除了前面介绍的用字符数组实现外，还可用指针实现，定义一个字符指针，用字符指针指向字符串中的字符。

例如：

```
#include<reg51.h>
unsigned char code dispbit[]={0xfe,0xfd,0xfb,0xf7,0xef,0xdf,0xbf,0x7f};
unsigned char code table[]={0x3f,0x06,0x5b,0x4f,0x66,0x6d,0x7d,x07};
void delay(unsigned char i)
{    unsigned char j,k;
     for(j=0;j<i;j++)
     for(k=0;k<120;k++)

     ;
}
 main(   )
{
    char * string="01234567";
    unsigned char i;
    while(1)
    {
       for(i=0;i<8;i++)
     {
       P1=table[string[i]-0x30];
       P2=dispbit[i];
       delay(1);
       P2=0xff;
     }
    }
}
```

本程序同样实现用数码管显示 76543210。

用字符指针指向字符串中的字符，与用数组处理方法的不同之处是格式差异。

  char * string="C51"; 可以写成 char * string; string="C51";。

  而：char sd [] ="C51"; 不能写成 char sd [4]; sd="C51";。

5. 指针与函数

指针变量，既可以作为函数的形参，也可以作函数的实参，指针变量作实参时，与普通变量一样，但被调用函数的形参必须是一个指针变量。

例如：

```
♯include<reg51.h>
unsigned char code dispbit[]={0xfe,0xfd,0xfb,0xf7,0xef,0xdf,0xbf,0x7f};
unsigned char code table[]={0x3f,0x06,0x5b,0x4f,0x66, 0x6d,0x7d,0x07};
void delay(unsigned char * m)
 {
     unsigned char j,k;
     for(j=0;j<*m;j++)
     for(k=0;k<120;k++)
     ;
 }
main(  )
{
   unsigned char i,k=5;
   char * string="01234567";
   unsigned char * p;
   p=&k;
   while(1)
    {
    for(i=0;i<8;i++)
     {
     P2=0xff;
     P1=table[string[i]-0x30];
     P2=dispbit[i];
     delay(p);
        }
    }
 }
```

在本程序中，延迟函数的形式参数为指针，调用时指针 p 作实际参数。本程序实现用数码管显示 76543210。

3.3.2　定时/计数器

定时计数器是单片机的重要部件，MCS-51 内部有两个可编程的 16 位定时/计数器，可以进行精确的定时与计数，广泛用于工业检测与控制中。

1. MCS-51 单片机的定时器/计数器

8051 单片机内部有两个 16 位的可编程定时器/计数器 T0 和 T1。T0 由 TH0 和 TL0 构成，T1 由 TH1 和 TL1 构成。TL0、TL1、TH0、TH1 的访问地址依次为 8AH～8DH，每个寄存器均可单独访问。

T0 或 T1 用作计数器时，对芯片引脚 T0（P3.4）或 T1（P3.5）上输入的脉冲计数。用作定时器时，对内部机器周期脉冲计数。

2. 定时与计数功能

定时/计数器 T0 和 T1 其核心是计数器，基本功能是加 1。在特殊功能寄存器 TMOD 中都有一个控制位，选择 T0 或 T1，用作定时器或是计数器。

作计数器使用时，对来自输入引脚 T0（P3.4）或 T1（P3.5）的外部信号计数，外部脉冲的下降沿将触发计数，计数器加 1，新计数值于下一个机器周期的装入计数器中。因而，识别一个计数脉冲需要两个机器周期，则外部脉冲的最高频率为振荡频率的 1/24。

作定时器使用时，计数器对内部机器周期计数，每过一个机器周期，计数器加 1。计满溢出时，若计数值为 N，则定时器的定时时间为：

$$t = T_c（机器周期）\times N。$$

MCS-51 单片机的一个机器周期由 12 个振荡脉冲组成，则机器周期为：

$$T_c = 12/f_{osc}$$

如果单片机系统采用 12MHz 晶振，则计数周期（即机器周期）为：

$$T_c = 12/（12 \times 106）= 1\mu s$$

若计数值为 N，则定时为 $N\mu s$。

定时/计数器 T0 和 T1 是加法计数器，每来一个计数脉冲，计数器的值加 1，加满则溢出（溢出值即计数最大值，常用 M 表示），如果要计 N 个单位就溢出，则首先应向计数器值初值 X。

$$X = M（最大计数值）- N（计数值）$$

假设，12MHz 时钟，定时 $10\mu s$，计数值 N 为：

$$N = t/T_c = 10/1 = 10$$

初值 X 为：$X = M（最大计数值）- N（计数值）= M（最大计数值）- 10$。

3. 定时器/计数器的工作方式

8051 单片机，通过对 TMOD 寄存器中 M0、M1 位进行设置，可选择 4 种工作方式。

1) 方式 0

方式 0 构成一个 13 位定时器/计数器，最大计数值 $M = 2^{13} = 8192$，T0 逻辑电路结构如图 3-1 所示。T1 的结构和操作与 T0 完全相同。

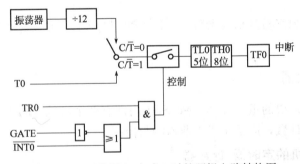

图 3-1　T0（或 T1）方式 0 时的逻辑电路结构图

16 位加法计数器（TH0 和 TL0）只用了 13 位。其中，TH0 占高 8 位，TL0 占低 5 位（高 3 位未用）。当 TL0 低 5 位溢出时，自动向 TH0 进位，而 TH0 溢出时，中断位 TF0 自动置位，并申请中断。

当 C/（/T）= 0 时，多路开关连接 12 分频器输出，T0 对机器周期计数，此时，T0 为定时器。

当 C/ (/T) = 1 时，多路开关与 T0（P3.4）相连，T0 为计数器。外部计数脉冲由 T0 脚输入，当外部信号电平发生由 0 到 1 的跳变时，计数器加 1。

当 GATE=0 时，或门被封锁，/INT0 信号无效。或门输出常 1，打开与门，TR0 直接控制 T0 的启动和关闭。TR0=1，接通控制开关，T0 从初值开始计数直至溢出。溢出时，16 位加法计数器为 0，TF0 置位，申请中断。如要循环计数，则 T0 需重置初值，且需用软件将 TF0 复位。TR0=0，则与门被封锁，控制开关被关断，停止计数。

当 GATE=1 时，与门的输出由 /INT0 的输入电平和 TR0 位的状态来确定。若 TR0=1，则与门打开，外部信号电平通过 /INT0 引脚，直接开启或关断定时器 T0，当 /INT0 为高电平时，允许计数，否则停止计数；TR0=0，则与门被封锁，控制开关被关断，停止计数。

2) 方式 1

定时器工作在方式 1 时，是 16 位的定时计数器，最大计数值 $M=2^{16}=65536$，其逻辑结构如图 3-2 所示。

方式 1 构成一个 16 位定时器/计数器，其结构与操作几乎完全与方式 0 相同，差别是二者计数位数不同。

3) 方式 2

定时器/计数器工作在方式 2 时，为 8 位定时计数器，最大计数值 $M=2^8=256$。其逻辑结构如图 3-3 所示。

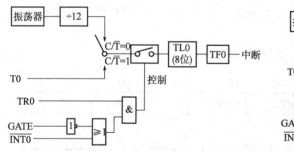

图 3-2 T0（或 T1）方式 1 时的逻辑结构图

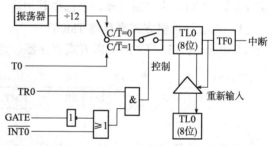

图 3-3 T0（或 T1）方式 2 时的逻辑结构图

此时，16 位加法计数器的 TH0 和 TL0 具有不同功能，其中，TL0 是 8 位计数器，TH0 是重置初值 8 位缓冲器，TH0 和 TL0 赋相同的初值，一旦 TL0 计数溢出，TF0 将被置位，TH0 中的初值自动装入 TL0。因此，方式 2 具有初值自动装入功能，适合用作较精确的定时脉冲信号发生器。

4) 方式 3

定时器/计数器工作在方式 3 时，T0 被分解成两个独立的 8 位计数器 TL0 和 TH0，最大计数值 M 值均为 256。其逻辑结构图如图 3-4 所示。其中，TL0 占用原 T0 的控制位、引脚和中断源。除计数位数与方式 0、方式 1 不同外，其功能、操作与方式 0、方式 1 相同，可定时、计数。TH0 占用原定时器 T1 的控制位 TF1 和 TR1，同时还占用了 T1 的中断源，其启动和关闭仅受 TR1 置 1 或清 0 控制，TH0 只能对机器周期进行计数，因此，TH0 只能用作简单的内部定时，不能用作对外部脉冲进行计数，是定时器 T0 附加的一个 8 位定时器。

方式 3 时，T1 仍可设置为方式 0、方式 1 或方式 2。但由于 TR1、TF1 及 T1 的中断源已被定时器 T0 占用，此时，T1 仅由控制位 C（/T）切换其定时或计数功能，当计数器溢出时，只能将输出送往串行口。此时，T1 一般用作串行口波特率发生器或不需要中断的场合。

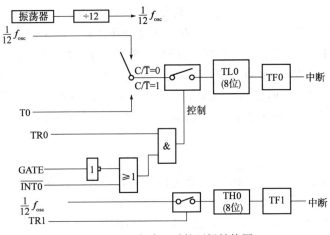

图 3-4　T0 方式 3 时的逻辑结构图

4. 定时/计数器的控制

MCS-51 单片机的定时器/计数器，有方式寄存器 TMOD 和控制寄存器 TCON 两个工作寄存器，用户对定时/计数器的控制，是通过编程定时/计数器的方式寄存器 TMOD 和控制寄存器 TCON 的控制内容，来选择其用途、设定其工作方式、赋计数初值、启动等。

1) 定时/计数器方式寄存器 TMOD

TMOD 为 T1、T2 的工作方式寄存器，其格式如下：

TMOD:	D7	D6	D5	D4	D3	D2	D1	D0
(89H)	GATE	C/ (/T)	M1	M0	GATE	C/ (/T)	M1	M0
		T1					T0	

TMOD 的低 4 位为 T0 的方式字段，高 4 位为 T1 的方式字段，它们的含义完全相同。
M1 和 M0：方式选择位，定义如表 3-2 所示。

表 3-2　计数器工作方式

M1　M0	工 作 方 式	功 能 说 明	最大计数值
0　　0	方式 0	13 位计数器	$2^{13} = 8192$
0　　1	方式 1	16 位计数器	$2^{16} = 65536$
1　　0	方式 2	自动再装入 8 位计数器	$2^8 = 256$
1　　1	方式 3	T0 分成两个 8 位计数器，定时器停止计数	$2^8 = 256$

C/ (/T)：T0 (T1) 功能选择位。C/ (/T) ＝0 时，作定时器用；C/ (/T) ＝1 时，作计数器用。

GATE：门控位。当 GATE＝0 时，软件控制位 TR0 (TR1) 置 1，即可启动 T0 (T1)；当 GATE＝1 时，软件控制位 TR0 (TR1) 必须置 1，同时还必须/INT0 (P3.2) (/INT1 (P3.3)) 为高电平，方可启动 T0 (T1)，即允许外中断/INT0 (/INT1) 启动 T0 (T1)。

例如，设置 T1 工作于方式 1，作定时器用，且与外部中断无关，则 M1＝0、M0＝1，C/（/T）＝0、GATE＝0，则高 4 位应为 0001；T0 未用，一般将其设为 0000，TMOD 赋值语句为：

TMOD＝0x10；

2) 定时器/计数器控制寄存器 TCON

TCON 的作用是控制定时器/计数器的启动、停止，标志定时器的溢出和中断情况。其中与定时器/计数器相关的位如下：

TCON	8FH	8EH	8DH	8CH	8BH	8AH	89H	88H
(88H)：	TF1	TR1	TF0	TR0				

TR0：T0 运行控制位。当 GATE＝1，/INT0 为高电平时，TR0 置 1 启动 T0；当 GATE＝0 时，TR0 置 1 启动 T0。

TF0：T0 溢出标志位。当 T0 计数满产生溢出时，由硬件自动置 TF0＝1。在中断允许时，向 CPU 发出 T1 的中断请求，进入中断服务程序后，由硬件自动清 0。在中断屏蔽时，TF0 可作查询测试用，此时只能由软件清 0。

TR1：T1 运行控制位。其功能及操作同 TR0。

TF1：T1 溢出标志位。其功能及操作同 TF0。

TCON 中的低 4 位用于控制外部中断，与定时器/计数器无关。TCON 的字节地址为 88H，可位寻址，例如，TR1＝0；启动 T1 计数。

3) 定时器/计数器的初始化

在使用定时器/计数器前，必须确定其用途、工作方式、中断允许、计数初值，这个过程称为定时器/计数器初始化。

（1）确定工作方式。对 TMOD 赋值。例如，TMOD＝0x10；设定 T1 作定时器，工作于方式 1。

（2）预置定时或计数的初值。将初值写入 TH0、TL0 或 TH1、TL1。如前所述：

X（初值）＝M（最大计数值）－N（计数值）

因工作方式而异，且与系统的时钟频率有关。

例如，要求每 50ms 溢出一次，T1 采用方式 1 进行定时，$M＝2^{16}＝65536$，如采用 12MHz 时钟，机器周期 $T_c＝12/（12x10^6）＝1\mu s$，计数值（50×1000）$\mu s/1\mu s＝50000$，计数初值为：

$$X＝65536－50000＝15536$$

TL1、TH1 赋值语句为：

$$TL1＝15536\%256；$$
$$TH1＝15536/256；$$

（3）根据需要开启定时器/计数器中断。直接对 IE 寄存器赋值。例如，IE＝0x88；开 T1 中断。

（4）启动定时器/计数器工作。将 TR0 或 TR1 置"1"。例如，TR1＝1；启动计数。

5. 案例：用定时/计数器设计饮料生产计数器程序

1) 设计要求

某饮料生产装箱装置，每检测到一瓶饮料输出一个脉冲，编写程序：以 12 瓶为 1 箱计算，用 4 位数码管显示箱数，2 位数码管显示当前箱的瓶数。统计饮料生产的箱数与散装瓶数。

2) 程序设计思路

用一个定时计数器工作在计数功能，工作于方式 1 对饮料生产装箱装置输出的计数脉冲计数，然后再计数出箱数与散装瓶数，主程序流程图如 3-5 所示。

3) 设计程序

根据流程图设计程序，参考程序如下：

```c
#include<reg51.h>
unsigned char seg_dm[10]={0xc0,0xf9,0xa4,0xb0,0x99,0x92,0x82,0xf8,0x80,0x90};
unsigned char code bit_array[]={0x01,0x02,0x04,0x08,0x10,0x20};
unsigned char dat_display[6];
unsigned char dat_Dr;
unsigned char dat_bottle;
unsigned int dat_box ;
/ *********** 延迟函数 *************** /
delay(unsigned char time)
{
  unsigned char i,j;
  for(i=0;i<time;i++)
      for(j=0;j<120;j++)
        ;
}
  / *********** 读出计数值函数 ********* /
  void read_dat(void)
  {
  dat_Dr=TH0 * 256+TL0;
  }
  / *********** 计算瓶数与箱数函数 ********* /
  void dat_box_bottle(void)
  {
  dat_bottle =dat_Dr%12;
  dat_box =dat_Dr/12;
  }
  void dat_change(void)
  {
      dat_display[0]=dat_bottle %10;    //瓶数处理
      dat_display[1]=dat_bottle /10;
      dat_display[2]=dat_box %10;    //箱数处理
      dat_display[3]=dat_box %1000%100/10;
      dat_display[4]=dat_box %1000/100;
      dat_display[5]=dat_box /1000;
  }
  / *********** 显示一位数据函数 ********* /
```

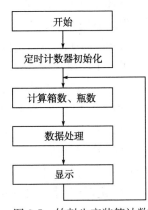

图 3-5　饮料生产装箱计数
主程序流程图

（流程图内容）
开始
↓
定时计数器初始化
↓
计算箱数、瓶数
↓
数据处理
↓
显示

```c
void display(unsigned char * dat,unsigned char * bit_code)
{
    P2=0x00;
    P1=seg_dm[ * dat];
    P2= * bit_code;
    delay(10);
}
/ ********** T0 初始化 ********** /
void T0_init(void)
{
    TMOD=0x05；    //T0 方式 1,计数
    TH0=0;
    TL0=0;
    TR0=1;
}
/ ********** 主函数 ********** /
main(  )
{
unsigned char i;
T0_init( );
while(1)
{
    read_dat( );
    dat_box_bottle( );
    dat_change( );
    for(i=0;i<6;i++)
    display(dat_display+i,bit_array+i);
}
}
```

6. 案例：用定时/计数器设计秒表程序

1) 编程要求

编写程序，使秒表通电复位后，具有开始显示"60.0"，开始倒计时，当 60s 到，数码管显示"00.0"并闪烁，倒计时误差小于 0.1s。

2) 程序设计思路

定时/计数器工作于定时状况，12MHz 时钟下，机器周期为 $1\mu s$，定时器工作于方式 1，初值为 $65536\sim10000$，每计 10000 个机器周期，定时器中断 1 次，耗时 10ms，中断 10 次则耗时 0.1s。在中断服务程序让每中断 1 次，次数加 1。每中断 10 次，秒数从初值"60.0"秒开始减 0.1s，即可实现 0.1s 倒计时。当秒数为 0，则停止计数，数码管显示"00.0"。参考主程序流程图如 3-6 所示，中断服务程序流程图如图 3-7 所示。

3) 设计程序

根据流程图设计程序，参考程序如下：

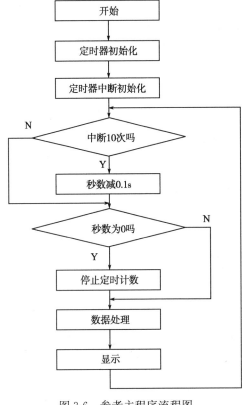

图 3-6　参考主程序流程图　　　　图 3-7　中断服务程序流程图

```c
#include<reg51.h>
unsigned char code led_seg_code[]={0x3f,0x06,0x5b,0x4f,0x66,
                                    0x6d,0x7d,0x07,0x7f,0x6f};
unsigned char dat_display[3];
unsigned char bit_array[3]={0xfe,0xfd,0xfb};
unsigned int seconds=600;
unsigned char count;
/********** 延时函数 ***********/
void delay(unsigned int time)
    {
        unsigned int i,j;
        for(i=0;i<time;i++)
        for(j=0;j<120;j++)
                ;
    }
/*********** 定时器初始化函数 ***************/
void T0_init(void)
{
        TMOD=0x01;
        TH0=(65536-10000)/256;
        TL0=(65536-10000)%256;
```

```c
        TR0=1;
    }
    /************中断初始化函数*****************/
    void int_init(void)
    {
        EA=1;
        ET0=1;
    }
/************数据处理函数****************/
void dat_change(insigned int dat)
{
  dat_display[2]= dat /100;
  dat_display[1]= dat %100/10;
  dat_display[0]= dat %100%10;
}
/**************显示函数****************/
void display(unsigned char SEG_dat,unsigned char bit_code,bit fg)
{
    P1 = 0x00;    //关断
    if(fg)
    P1 = SEG_dat|0x80;    //送段码
    else
    P1 = SEG_dat;    //送段码
    P2 = bit_code;        //送位码
    delay(1);    //延迟
}
/********0.1秒判断函数***********/
void   seconds_01(void)
{
    if(count==10)
    {
     count=0;
     seconds--;
    }
}
/**********60秒判断函数***********/
void   seconds_60(void)
{
    if(seconds==0)
    {
    TR0=0;
    }
}
/************主程序**********/
```

```
main(  )
  {
    T0_init(  );
    int_init(  );
    while(1)
    {
      seconds_01(  );
      seconds_60(  );
      dat_change(seconds);
      display(led_seg_code[dat_display[2]],bit_array[0],0);
      display(led_seg_code[dat_display[1]],bit_array[1],1);
      display(led_seg_code[dat_display[0]],bit_array[2],0);    }
    }
/ ************* 定时器中断服务函数 ************** /
void time_t0(  )interrupt 1
{
  TH0＝(65536－10000)/256;
  TL0＝(65536－10000)％256;
  count＋＋;
  }
```

3.4 项目实施

3.4.1 数字频率计总体设计思路

基本功能实现思路是：用 51 单片机作控制，12MHz 时钟，定时/计数器在计数状态下，最大计数值为 $f_{osc}/24$，最大计数频率可达 250kHz。用 AT89C51 内的一个定时/计数器作定时器，另一个定时/计数器作计数器，定时 1s 读出计数值就是频率。频率值经数据处理后用数码管显示，总体结构框图如图 3-8 所示。

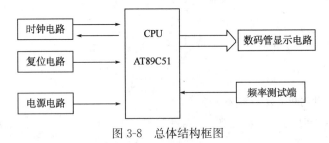

图 3-8　总体结构框图

3.4.2 设计数字频率计电路

用 AT89C51 单片机作控制，系统时钟 12MHZ，采用通电复位方式，3 位一体的共阴极数码管作显示，AT89C51 的一个 I/O 口（P1）作显示数据输出端口，一个 I/O 口（P2）作数码管位选控制端口，T0 作频率测试输入端，其参考电路图如图 3-9 所示。

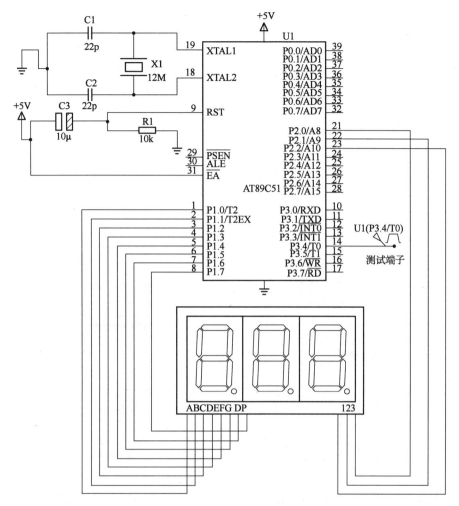

图 3-9 数字频率计参考电路图

3.4.3 设计数字频率计程序

1) 程序设计思路

用 AT89C51 单片机内部定时/计数器 T0 和 T1，T0 工作在计数状态，对输入的频率信号进行计数。T1 工作在定时状态，T1 计满 50000 个机器周期（耗时 0.05s）溢出中断，中断 20 次总耗时则为 1s。1s 时刻到 T0 停止计数，从 T0 的 TH0 读出频率的高 8 位，TL0 读出低 8 位。频率值经处理后软件译码，送数码管动态显示。中断服务程序参考流程图如图 3-10 所示，主程序参考流程图如图 3-11 所示。

2) 设计程序

根据程序流程图，T0 作计数，T1 作定时，P1 作段码输出端口，P2 作位码输出端口，数字频率计参考程序如下：

```
＃include＜reg51.h＞
unsigned char frequency;    //频率值
unsigned char count_t1;     //中断次数
unsigned char code led_seg_code[]={0x3f,0x06,0x5b,0x4f, 0x66, 0x6d,
```

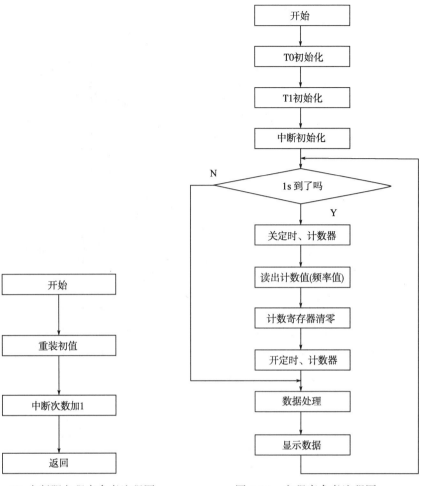

图 3-10　T1 中断服务程序参考流程图　　　图 3-11　主程序参考流程图

0x7d,0x07,0x7f,0x6f,0x00,0x40};

unsigned char dat_display[3];

unsigned char bit_array[3]={0xfe,0xfd,0xfb};

/**********************

　函数名称:延迟函数

　函数功能:延迟 time * $1\mu s$

　入口参数:延迟时间

　出口参数:无

********************** /

void delay(unsigned int time)

　{

　　while(time——);

　}

/**********************

　函数名称:T1 初始化函数

　函数功能:T1 初始化设置

　入口参数:无

出口参数:无

            *********************** /

```
void T1_init(void)
{
    TMOD|=0x10;    //0001 0000，T1 定时
    TH1=(65536-50000)/256;
    TL1=(65536-50000)%256;
    TR1=1;
}
```

/ ***********************

  函数名称:T0 初始化函数

  函数功能:T0 初始化设置

  入口参数:无

  出口参数:无

            *********************** /

```
void T0_init(void)
{
    TMOD|=0x05;    //0000 0101,T0 计数
    TH0=0;
    TL0=0;
    TR0=1;
}
```

/ ***********************

  函数名称:T 中断初始化函数

  函数功能:中断初始化设置

  入口参数:无

  出口参数:无

            *********************** /

```
void int_init(void)
{
    EA=1;
    ET1=1;
}
```

/ ***********************

  函数名称:显示 1 位数据函数

  函数功能:显示 1 位数据

  入口参数:显示断码 seg_code、显示位码 bit_code

  出口参数:无

            *********************** /

```
void display_1bit(unsigned char seg_code,unsigned char bit_code)
{
    P2=0xff;    //关断
    P1=seg_code;    //输出断码
    P2=bit_code;    //输出位码
```

```
        delay(1);    //延迟
    }
/ ***********************
    函数名称:读取频率函数
    函数功能:1s到时读出频率值
    入口参数:无
    出口参数:无
*********************** /
void measure_frequency(void)
{
    if(count_t1 == 20)    //1s中断次数够了
    {
     TR0=0;    //关定时、计数
     TR1=0;
     frequency=TH0 * 256+TL0;    //读出计数值(频率)
     count_t1=0;    //中断次数清零
     TH0=0;    //计数寄存器清零
     TL0=0;
     TR0=1;    //重启定时、计数
     TR1=1;
    }
}
/ ***********************
    函数名称:数据处理函数
    函数功能:分离出数据的个、十、百位
    入口参数:数据 val
    出口参数:无
*********************** /
void dat_change(val)
{
    dat_display[2]= val /100;    //百位
    dat_display[1]= val %100/10;    //十位
    dat_display[0]= val %100%10;    //个位
}
/ ***********************
    函数名称:显示频率函数
    函数功能:数码管显示频率值
    入口参数:无
    出口参数:无
*********************** /
void display(void)
{
    unsigned char i;
    for(i=0;i<3;i++)
```

```
        display_1bit(led_seg_code[dat_display[i]],bit_array[i]);
    }
/ *************************
    函数名称:主函数
 ************************* /
main(    )
{
    T0_init(  );
    T1_init(  );
    int_init(  );
    while(1)
     {
    measure_frequency(  );
    dat_change(frequency);
    display(  );
     }
}
/ *********** 定时器 T1 中断服务函数 *********** /
void time_t1(  )interrupt 3
{
 TH1＝(65536－50000)/256;
 TL1＝(65536－50000)%256;
 count_t1++;
}
```

3.4.4　仿真数字频率计

（1）利用 Keil μVisison2 的调试功能，根据错误提示，双击"提示"找到错误代码，排除各种语法错误。

（2）编译成 hex 文件，单步运行，调试子函数和主函数。观察 P1、P2 端口、T0、T1 寄存器 TMOD、TL0、TH0、TL1、TH1、TR0、TR1 的状态变化，判断程序的正确性。

（3）用 Proteus 软件按设计电路图，设计图 3-12 所示仿真模型。以仿真信号源提供测试信号进行仿真调试。

3.4.5　调试数字频率计

（1）仿真调试成功后，按电路图把元件焊接安装在实验板上，并进行静态和动态检测。

（2）烧录 hex 文件，运行程序，如不能运行，先排除各种故障（供电、复位、时钟、内外存储空间选择、软硬件端口应用等）。

（3）测试频率，读出数据与信号源提供的信号频率并进行对比，分析是否达到性能指标。

（4）如没有达到性能指标，则调整电路或元件参数、优化程序，重新调试、编译、下载、运行程序，测试性能指标。

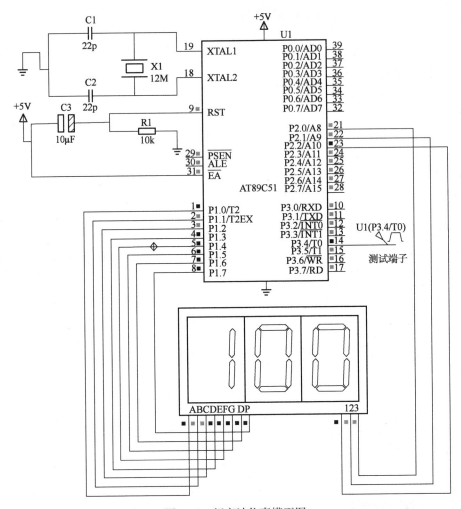

图 3-12　频率计仿真模型图

3.5　拓展训练

（1）用数码管作显示，设计制作数字钟。

（2）用数码管作显示，设计制作脉宽测试仪。

项目 4

设计制作升降控制装置

4.1 学习目标

① 理解键盘的工作原理；
② 掌握独立式键盘接口应用；
③ 熟练 C51 程序设计。

4.2 项目任务

1) 项目要求
① 用 Keil C51、Proteus 等软件作开发工具；
② 用 AT89C51 单片机作控制；
③ 用按键控制升降装置，上升、下降与停止。
④ 发挥扩充功能：上升、下降方向提示等。

2) 设计制作任务
① 拟定总体设计制作方案；
② 设计升降控制装置硬件电路；
③ 编制程序流程图及设计相应源程序；
④ 仿真调试升降控制装置；
⑤ 安装元件，制作升降控制装置，调试功能。

4.3 相关知识

4.3.1 键盘与消除键盘抖动

1. 键盘

键盘是单片机应用系统中使用最广泛的一种数据输入设备。键盘是一组按键的组合。键通常是一种常开型按钮开关，常态下键的两个触点处于断开状态，按下键时它们才闭合（短路），实物图如图 4-1 所示。

通常，键盘有编码和非编码两种。编码键盘通过硬件电路产生被按按键的键码和一个选通脉冲。选通脉冲可作为 CPU 的中断请求信号。这种键盘使用方便，所需程序简单，但硬件电路复杂，常常不被单片机采用。

非编码键盘按组成结构又可分为独立式键盘和矩阵式键盘。

2. 消除键盘抖动

使用机械触点式键盘开关，在按键按下或释放时，由于机械弹性作用的影响，通常伴随有一定时间的触点机械抖动，然后触点才稳定下来，其抖动过程如图 4-2 所示。

图 4-1　按键实物图　　　　图 4-2　键盘抖动过程图

抖动时间一般为 5～10ms，在触点抖动期间检测按键的通与断状态，可能导致判断出错。为了克服按键触点机械抖动引起的误判，必须消去抖动。在按键数量较少时，常采用硬件消除抖动；键数较多时，采用软件消除去抖动。

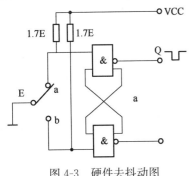

图 4-3　硬件去抖动图

硬件消抖是在按键输出端接 R-S 触发器（双稳态触发器），或者单稳态触发器构成去抖动电路，图 4-3 是一种由 R-S 触发器构成的消抖动电路，当触发器一旦翻转，键盘输出经双稳态电路之后，输出为规范的矩形方波，触点抖动不会对其产生任何影响。

软件消抖动是在检测到有按键按下时，执行一个 10ms 左右（具体时间应视所使用的按键情况进行调整）的延时程序后，再确认该键电平是否仍保持闭合状态电平，若仍保持闭合状态电平，则确认该键处于稳定闭合状态。在检测该键释放时，也应采用相同的步骤进行确认，从而消除抖动的影响。

4.3.2　独立键盘结构

1. 独立式键盘硬件结构

如图 4-4 所示，独立式键盘每一个按键的电路是独立的，占用一条数据线，上拉电阻保证了按键断开时，I/O 口线有确定的高电平（当 I/O 口线内部有上拉电阻时，外电路可以不接上拉电阻）。当其中任意一键被按下时，它所对应的端口电平就变成低电平，若无键闭合，则所有端口为高电平。每个按键占用一条 I/O 线，当按键数量较多时，I/O 口利用率不高，但程序编制简单，适用于所需按键较少的场合。

2. 独立式键盘的软件结构

独立式键盘软件常采用扫描查询方式。程序执行流程是：确定是否有键按下→去抖动→

读取键值（确认是哪个按键按下）→等待→按键释放→执行按下键的功能程序。按扫描查询所处的时刻分为程序查询、定时查询、中断查询三种方式。

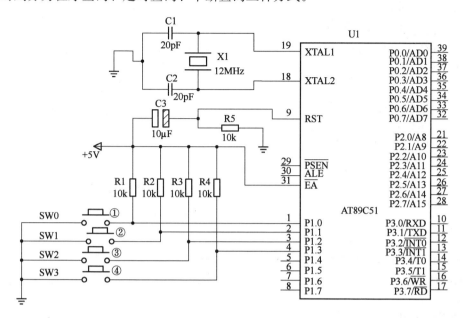

图 4-4　独立式键盘结构图

1) 程序查询方式

程序查询方式是利用 CPU 完成其他工作的空余时间，调用键盘扫描函数来响应键盘输入的要求。在执行键功能程序时，到 CPU 重新扫描键盘为止，CPU 不再响应按键输入要求。按键识别的依据是 CPU 查询每根 I/O 口线的电平高低，如某一 I/O 口线输入为低电平，说明有按键按下。消抖动后，再确认该 I/O 口按下的按键，等待释放后再转向该键的功能处理程序。例如：

```
#include<reg51.h>
#define key P1
sbit led1=P2^0;
sbit led2=P2^1;
/ ********** 延时程序 ********** /
void delay(unsigned char time)
    {
    unsigned char i,j;
    for(i=0;i<time;i++)
        for(j=0;j<120;j++)
            ;
    }
/ ********** 按键扫描函数 ********** /
unsigned char key_scan(void)
    {
    key=0xff;
    key_val=key;
```

```c
    if(key_val! =0xff)
      {
          delay(10);
          key_val=key;
          if(key_val! =0xff)
           {
             key_val=~key;
             while(key! =0xff);
             return key_val;
            }
       }
      else
      return 0;
}


/ ********** 按键 1 功能处理函数 ************ /
void key1(void)
{
    led1=~led1;
  }
/ ********** 按键 2 功能处理函数 ************ /
void key2(void)
  {
     led2=~led2;
   }
/ ********** 按键 3 功能处理函数 ************ /
void key3(void)
 {
    led1=1;
    led2=1;
}
/ ********** 按键 4 功能处理函数 ************ /
void key4(void)
 {
   led1=0;
   led2=0;
 }
/ ********** 按键处理函数 ************ /
void Key_manage(unsigned char key_val)
{
    if(key_val==0x01)
     key1( );
    if(key_val==0x02)
     key2( );
```

```
        if(key_val==0x04)
         key3( );
        if(key_val==0x08)
         key4( );
  }
/*********** 主函数 ************/
main(  )
{
 Key_manage(key_scan( ));
  }
```

本程序采用查询方式，实现了按键 1 按下，LED1 亮灭变化；按键 2 按下，LED2 亮灭变化；按键 3 按下，LED1、LED2 全亮；按键 3 按下，LED1、LED2 全灭。

2) 定时查询方式

定时扫描方式就是利用定时器，每隔一段时间对键盘扫描一次。常常是利用单片机内部的定时器定时一定时间（如 10ms），当定时器 T0 或 T1 定时时间到，就产生定时器溢出中断，CPU 响应中断后对键盘进行扫描，并在有键按下时识别出该键，再执行该键的功能程序。例如，假设定时器每中断 30 次查询一次键盘，修改部分代码如下：

```
/*********** T0 初始化设置 ************/
void system_init(void)
{
   TMOD=0x20；
   ET0=1；
   TR0=1；
   EA=1；
}
/************* T0 中断处理程序 *************/
void    TIMER0_intrupt( )interrupt 1 using 1
{
   EA=0；
if((++count_TI)%30==0)     //中断 30 次查询一次
{
    count_TI=0
    Keyboard(key_scan( ));
}
   EA=1；
}
```

3) 中断查询方式

中断查询方式是把键盘接入中断源，只要有按键按下时，就会发出中断请求，CPU 响应中断，在中断服务程序中进行扫描查询，确认按键，然后执行相应按键功能程序。

例如，改用中断查询方式，修改部分代码如下：

```
/**************** INT0 初始化设置 ********************/
void int0_init(void)
```

```
{
  IT0=0;
  EX0=1;
  EA=1;
}
/ *************** 外部 INT0 处理程序一 ***************** /
void INT0_intrupt( )interrupt 0 using 1
{
  EA=0;
  Keyboard(key_scan( ));
  EA=1;
}
```

3. 案例：编程一只按键控制 3 只 LED 灯

1) 设计要求

某按下次数指示器，要求编写程序实现：按键按下次数增加 1 次，LED 指示灯亮的个数增加 1 只，3 灯全亮后，再按下一次按键，3 灯全灭，之后重新开始计数。

2) 程序设计思路

程序采用查询方式判断按键 S1 是否按下，如果按下则去抖动，按键次数加 1，根据次数执行相应操作：次数为 1，LED1 亮；次数为 2，LED1、LED2 亮；次数为 3，LED1、LED2、LED3 全亮；次数为 4，LED1～LED3 全灭；次数大于 4，则回到 1。主程序流程图如图 4-5 所示。

3) 编写程序

根据编程思路与程序流程图，参考程序如下：

```
#include<reg51.h>
sbit led1=P2^0;    //定义 LED 引脚
sbit led2=P2^1;    //定义 LED 引脚
sbit led3=P2^2;    //定义 LED 引脚
sbit key=P1^0;    //定义按键引脚
unsigned char count;
/ *********** 延时函数 *********** /
void delay(unsigned char time)
{
    unsigned char i,j;
    for(i=0;i<time;i++)
    for(j=0;j<120;j++)
        ;
}
/ *********** 按键按下实现的功能函数 *********** /
  void key1(void)
    {
      count++;
      if(count>4) count=1;
```

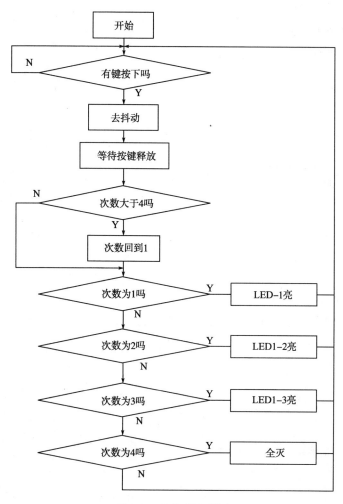

图 4-5　主程序流程图

```
    }
/ ********** 键盘管理函数 *********** /
void Key_mage(bit key_dat)
  {
    if(key_dat)
   {
    key1( );
    key_dat=0;
   }
  }
/ ********** LED1 亮 *********** /
void led11_on(void)
   {
    led1=0;
    led2=1;
    led3=1;
```

```
        }
/**********LED1、2 亮***********/
void led1_2_on(void)
    {
    led1=0;
    led2=0;
    led3=1;
        }
/***********LED1、2、3 全亮***********/
void led1_3_on(void)
        {
    led1=0;
    led2=0;
    led3=0;
        }
/**********全灭***********/
void led1_3_off(void)
        {
    led1=1;
    led2=1;
    led3=1;
        }


/**********键盘扫描函数***********/
    bit key_scan(void)
    {
        if(key==0)
            {
            delay(10);
            if(key==0)
            {
                while(key==0);
                return 1;
            }
            }
            else
            return 0;
            }
/**********主函数***********/
        main(  )
        {
            while(1)
            {
            Key_mage(key_scan( ));
```

```
        if(count==1)led11_on( );
        if(count==2)led1_2_on( );
        if(count==3)led1_3_on( );
        if(count==4)led1_3_off( );
    }
}
```

4. 案例：编写电机启停装置控制程序

1) 编程要求

电机启停控制电路如图 4-6 所示，编写程序实现功能：按一下 K1，电机运行，发光二极管 LED1 亮，按一下 K2，电机停止运行，且发光二极管 LED1 灭。

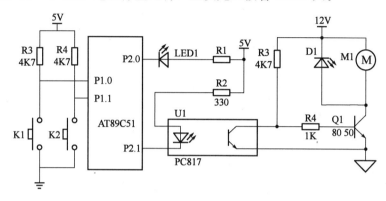

图 4-6　电机启停控制电路图

2) 编程思路

由电路图可知：P2.1 输出高电平，光耦不导通，Q1 导通，电机启动；相反，P2.1 输出低电平，光耦导通，Q1 截止，电机停转。因此，只要当 K1 按键按下，P2.0 输出低电平，P2.1 输出高电平；当 K2 按键按下，P2.0 输出高电平，P2.1 输出低电平就实现了功能。

因为只有两只按键，可以采用单个查询的方式。每只按键分别查询是否按下，去抖动，返回按下标志，然后根据每只按键的按下标志，执行相应的功能，主程序流程图如图 4-7 所示。

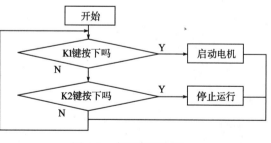

图 4-7　主程序流程图

3) 编写程序

根据编程思路与程序流程图，编写参考程序如下：

```c
#include<reg51.h>
    sbit LED=P2^0;
    sbit Turn=P2^1;
    sbit k1=P1^0;
    sbit k2=P1^1;
/ ********** 延时函数 ********** /
void delay(unsigned char time)
    {
```

```c
    unsigned char i,j;
    for(i=0;i<time;i++)
        for(j=0;j<120;j++)
                ;
    }
/********** 启动函数 **********/
void Turn_ON(void)
    {
    LED=0;
    Turn=1;
    }
 /********** 停止函数 **********/
void Turn_OFF(void)
    {
    LED=1;
    Turn=0;
    }

 /********** K1 扫描函数 *********/
bit k1_scan(void)
 {
    k1=1;
  if( k1! =1)
    {
        delay(10);
        k1=1;
        if( k1! =1)
        {
        while( k1==0);
        return 1;
        }
    }
   else
  return 0;
}

 /********** K2 扫描函数 *********/
bit k2_scan(void)
 {
    k2=1;
  if( k2! =1)
    {
        delay(10);
        k2=1;
```

```
      if( k2! =1)
      {
        while( k2==0);
        return 1;
      }
    }
    else
    return 0;
}


/ ********** 主函数 ******** /
main(    )
{
  Turn=0;
  while(1)
  {
   if(k1_scan( ))
     Turn_ON( );
   if(k2_scan( ))
     Turn_OFF( );
  }
}
```

5. 案例：编程用独立键盘设计抢答器

1) 编程要求

用 P0 口作显示接口，P1 口作键盘接口，共阳数码管作显示（数码管公共端固定接高电平），编写程序实现功能：4 路抢答器，显示最先抢答者按键编号（1～4），无抢答时显示 0。

2) 编程思路

4 个按键按下时，返回键值分别为 0x01、0x02、0x04、0x08，根据键值分别执行 1～4 号的抢答操作。

某一按键按下后，首先显示按键编号，然后让程序停止按键扫描，使其他按键无效，键盘扫描程序流程图如图 4-8 所示，键盘管理程序流程图如图 4-9 所示，主程序参考流程图如图 4-10 所示。

3) 设计程序

根据程序流程图，抢答器参考程序如下：

```
#include<reg51.h>
unsigned char led_seg_code[5]={0xC0,0xF9,0xA4,0xB0,0x99};
/ **************** 延迟函数 **************** /
void delay(unsigned char time)
  {
    unsigned char i,j;
    for(i=0;i<time;i++)
    for(j=0;j<120;j++)
```

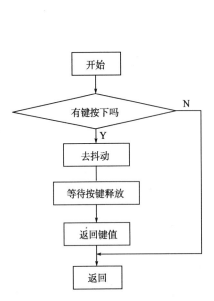

图 4-8　键盘扫描程序流程图

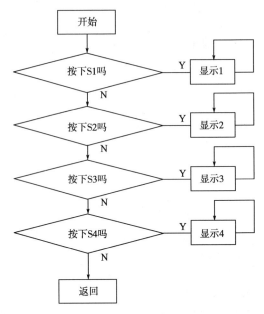

图 4-9　键盘管理程序流程图

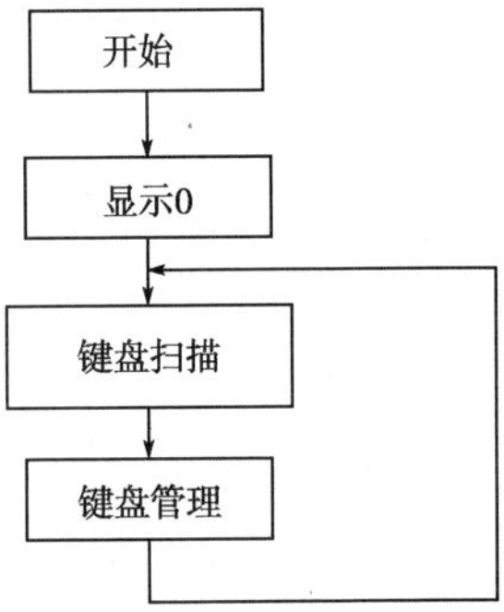

图 4-10　抢答器主程序
参考流程图

```c
        ;
    }
/ ************ 显示 1 位数据函数 ********* /
void display_1bit(unsigned char seg_code)
{
    P0＝seg_code;
}
/ ************ 键盘扫描函数 ************* /
unsigned char key_scane(void)
{
    unsigned char key_value;
    P1＝0xff;    //写端口
    key_value＝P1;    //读端口
    if(key_value!＝0xff)    //如果有键按下
    {
        delay(10)；    //去抖动
        P1＝0xff;    //读键值
        key_value＝～P1；    //读键值并求反
        while(P1!＝0xff)；    //等待按键释放
        return  key_value；    //返回键值
    }
    return 0；
}
/ ************ SW1 功能函数 ************* /
void key1(void)
{
```

```c
  while(1)
  {
    display_1bit(led_seg_code[1]);
  }
}
/ ***********  SW2 功能函数 ************* /
void key2(void)
{
while(1)
  {
    display_1bit(led_seg_code[2]);
  }
}
/ ***********  SW3 功能函数 ************* /
void key3 (void)
{
while(1)
  {
display_1bit(led_seg_code[3]);
  }
}
/ *************  SW4 功能函数 *********** /
void key4(void)
{
while(1)
  {
display_1bit(led_seg_code[4]);
}
}
/ ***********  按键管理函数 ************* /
void key_manage(unsigned char val)
{
 if(val==0x01)
 {
key1( );
  }
if(val==0x02)
 {
   key2( );
 }
if(val==0x04)
 {
   key3( );
 }
```

```
if(val= =0x08)
{
    key4( );
}
}
/**************** 主函数 ****************/
main(  )
{
    display_1bit(led_seg_code[0]);    //显示 0
    while(1)
    {
        key_manage(key_scane( ));
    }
}
```

4.4 项目实施

4.4.1 升降控制装置总体设计思路

基本功能实现思路是：用 AT89C51 单片机作控制，3 只按键构成独立键盘，其中 S1

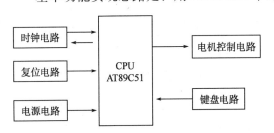

图 4-11 总体结构框图

按下，电机正转，升降装置上升；S2 按下，电机反转，升降装置下降；S3 按下，电机停转，升降停止。总体结构框图如图 4-11 所示。

4.4.2 设计升降控制装置电路

用 AT89C51 单片机作控制，系统时钟为 12MHz，采用通电复位方式，单片机的 P1 口的 P1.0、P1.1、P1.2 作 S1、S2、S3 按键端口，P2 口的 P2.0、P2.1 作电机旋转方向控制端口，12V 直流电机运行方向切换电路，主要器件采用直流继电器和中功率三极管，升降控制装置参考电路图如图 4-12 所示。

4.4.3 设计升降控制装置程序

根据硬件电路可知，独立键盘 3 个按键按下时的键值分别为 0x01、0x02、0x04，上升时要求电机正转，则需要 P2.0 输出高电平，P2.1 输出低电平；下降时要求电机反转，则需要 P2.0 输出低电平，P2.1 输出高电平。如果要求电机停转，则需要 P2.0、P2.1 均输出高电平。

因此，采用程序扫描方式，确认是否有按键按下，再去抖动确认，根据键值执行上升、下降、停止控制。键盘扫描程序流程图如图 4-13 所示，键盘管理程序流程图如图 4-14 所示，主程序参考流程图如图 4-15 所示。

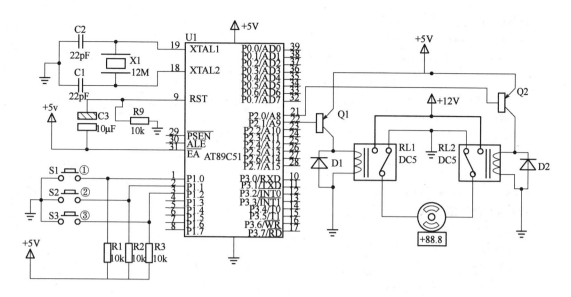

图 4-12 升降控制装置参考电路图

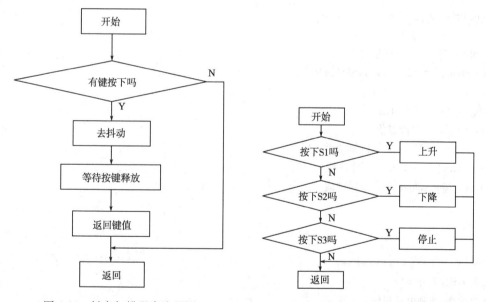

图 4-13 键盘扫描程序流程图

图 4-14 键盘管理程序流程图

根据各程序流程图，升降控制装置参考程序如下：

＃include＜reg51.h＞

＃define Key P1

sbit Reversal＝P2^0； //反

sbit Forward＝P2^1； //正

/ ＊＊＊＊＊＊＊＊＊＊＊＊＊＊＊＊＊＊＊＊＊＊＊＊

函数名称:延迟函数

函数功能:延迟 time ＊ 1ms

入口参数:延迟时间

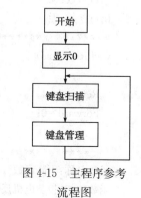

图 4-15 主程序参考
流程图

出口参数:无

********************** /

```c
void delay(unsigned char time)
    {
        unsigned char i,j;
        for(i=0;i<time;i++)
        for(j=0;j<120;j++)
            ;
    }
```

/ **********************

函数名称:键盘扫描函数

函数功能:键盘扫描

入口参数:无

出口参数:键值

********************** /

```c
unsigned char key_scane(void)
{
unsigned char key_value;
Key=0xff;      //写端口
key_value=Key;   //读端口
if(key_value! =0xff)    //如果有键按下
{
    delay(10);    //去抖动
    Key=0xff;    //读键值
    key_value=~Key;    //读键值并求反
    while(Key! =0xff);    //等待按键释放
    return  key_value;    //返回键值
  }
 return  0;
}
```

/ **********************

函数名称:上升函数

函数功能:控制电机正转

入口参数:无

出口参数:无

********************** /

```c
void Rise(void)
{
    Reversal=1;
    Forward=0;
}
```

/ **********************

函数名称:下降函数

函数功能:控制电机反转

入口参数:无

出口参数:无

 ＊＊＊＊＊＊＊＊＊＊＊＊＊＊＊＊＊＊＊＊＊/

void decline（void）

{

   Reversal＝0；

   Forward＝1；

}

/＊＊＊＊＊＊＊＊＊＊＊＊＊＊＊＊＊＊＊＊＊

函数名称:停止函数

函数功能:控制电机停转

入口参数:无

出口参数:无

 ＊＊＊＊＊＊＊＊＊＊＊＊＊＊＊＊＊＊＊＊＊/

void Stop(void)

{

   Reversal＝1；

   Forward＝1；

}

/＊＊＊＊＊＊＊＊＊＊＊＊＊＊＊＊＊＊＊＊＊

函数名称:键盘管理函数

函数功能:实现按键值执行功能程序

入口参数:键值

出口参数:无

 ＊＊＊＊＊＊＊＊＊＊＊＊＊＊＊＊＊＊＊＊＊/

key_manage(unsigned char zhi)//按键散转

{

   if(zhi＝＝0x01)

    {

    Rise( )； //上升

    }

if(zhi＝＝0x02)

  {

   decline( )； //下降

   }

if(zhi＝＝0x04)

   {

  Stop( )； //停止

   }

}

/＊＊＊＊＊＊＊＊＊＊＊ 主程序 ＊＊＊＊＊＊＊＊＊＊＊＊/

main( )

{

   while(1)

```
        {
            key_manage(key_scane( ));
        }
    }
}
```

4.4.4 仿真升降控制装置

（1）利用 Keil μVisison2 的调试功能，根据错误提示，双击"提示"找到错误代码，排除各种语法错误。

（2）编译成 hex 文件，单步运行，调试子函数和主函数。观察端口、寄存器的状态变化，判断程序的正确性。

（3）用 Proteus 软件按设计电路，设计如图 4-16 所示仿真模型。依次按下按键进行运行控制仿真，观察电机运行的状态是否与按键功能对应一致。

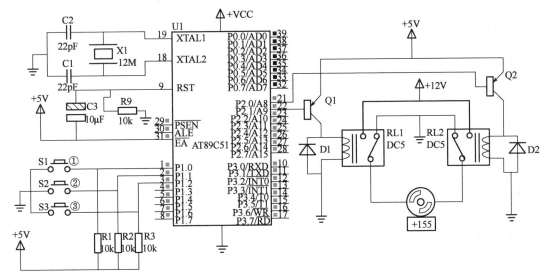

图 4-16 升降控制装置仿真模型图

4.4.5 调试升降控制装置

（1）仿真调试成功后，按电路图把元件焊接安装在实验板上，并进行静态和动态检测。

（2）烧录 hex 文件，运行程序，如不能运行，则先排除各种故障（供电、复位、时钟、内外存储空间选择、软硬件端口应用等）。

（3）进行上升、下降、停止控制，观察电机运行状态是否与设计一致。

（4）如没有实现功能，则调整电路、优化程序，重新调试、编译、下载、运行程序，测试功能。

4.5 拓展训练

（1）用独立式键盘设计电子琴。

（2）用独立键盘设计 8 路抢答器，并用数码管显示抢答者编号。

项目 5
设计制作抢答器

5.1 学习目标

①掌握键矩阵式键盘的接口应用；

②巩固数码管显示技术；

③熟练 C51 程序设计。

5.2 项目任务

1) 项目要求

①用 keil C51、Proteus 等软件作开发工具；

②用 AT89C51 单片机作控制；

③1 位数码管显示最先抢答者按键编号（1～9），无抢答时显示 0；1 位数码管预留作倒计时显示；

④具有九路抢答功能，最先抢答者按下抢答键后，其他抢答者无效，只有等主持人按下复位键后，才能进入下一轮抢答；

⑤发挥扩充功能：能倒计时、能发声提示等。

2) 设计制作任务

①拟定总体设计制作方案；

②拟定硬件电路；

③编制程序流程图及设计相应源程序；

④仿真调试抢答器；

⑤安装元件，制作抢答器，调试功能。

5.3 相关知识

1. 矩阵式键盘结构

矩阵式键盘由行线和列线组成，按键位于行、列线的交叉点上，其结构如图 5-1 所示。由图 5-1 可知，一个 4×4 的行、列结构，可以构成一个含有 16 个按键的键盘，在按键数量较多时，矩阵式键盘较之独立式按键键盘要节省很多 I/O 口。矩阵式键盘中，行、列线分别连接到按键开关的两端，行线通过上拉电阻接到＋5V 上。当无键按下时，行线处于高电平状态。当有键按下时，行、列线将导通，此时，行线电平将由与此行线相连的列线电平决定。这是识别按键是否按下的关键。然而，矩阵键盘中的行线、列线和多个键相连，各按键按下与否均影响该键所在行线和列线的电平，各按键间将相互影响，因此，必须将行线、列线信号配合起来作适当处理，才能确定闭合键的位置。

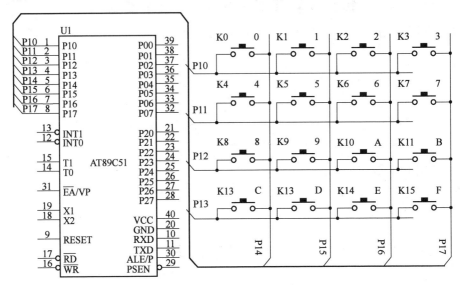

图 5-1　矩阵式键盘结构图

2. 矩阵式键盘的识别

矩阵键盘的识别与编码方法很多，常见的识别方法是逐行扫描法和线反转法。

1) 逐行扫描法

逐行扫描法就是依次从第一至最末行线上发出低电平信号，如果该行线所连接的键没有按下，则列线所接的端口得到的是全"1"信号；如果有键按下，则得到非全"1"信号。

如图 5-2 所示，如第 2 行第 4 列按键 7 按下，行线输出 1011，则列线输入为 1110，键盘端口的状态值为 0x7d。依次推理，逐行扫描法矩阵键盘的键值如表 5-1 所示。

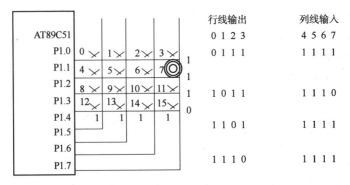

图 5-2　逐行扫描法图

表 5-1　矩阵键盘逐行扫描键值表

0	1	2	3
ee	de	be	7e
4	5	6	7
ed	dd	bd	7d
8	9	10	11
eb	db	bb	7b
12	13	14	15
e7	d7	b7	77

2) 线反转法

线反转法又称行列反转法，也是识别闭合键的一种常用方法，该法比行扫描速度快。先将行线作为输出线，列线作为输入线，行线输出全"0"信号，读入列线的值，那么在闭合键所在的列线上的值必为 0。然后从列线输出全"0"信号，再读取行线的输入值，闭合键所在的行线值必为 0。这样，当一个键被按下时，必定可读到一对唯一的行列值。

如图 5-3 所示，如第 2 行第 4 列键按下，行输出为 0000，列输入值为 1110。列输出值为 0000，列输入的值为 1011。

这样，当一个键被按下时，必定可读到一对唯一的行列值；再由这一对行列值，可以求出闭合键所在的位置。

具体控制过程是：矩阵键盘端口先输出 0xf0，键盘的列线处在高电平、行线处在低电平，若有按键按下时，与此键相连的行线与列线导通，该按键所在列线电平会由高电平变为低电平。以此作为判定相应的列有键按下的依据。

如有按键按下，消抖动后，首先键盘端口输出 0xf0，读出列线的电平状态，然后键盘端口输出 0x0f，读出行线的电平状态。最后，把读出的列线电平状态与行线电平状态合成 8 位键值。7 号按键列线电平为 0111，行线电平状态为 1101，键值也为 0x7d，矩阵键盘线反转法键值表如表 5-1 一致。

下面为行列反转法键盘扫描程序。

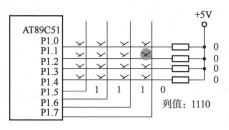

(a)

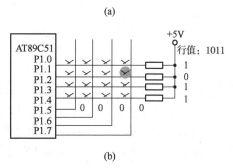

(b)

图 5-3　线反转法图

```
unsigned char key_scan( )
  {
      unsigned char key_varl；
      key_varl＝0；
      key＝0xf0；　//key 为键盘连接端口
      if(key！＝0xf0)
        {
          delay(10)；　//消抖动
```

```
            if(key! =0xf0)
              {
                  key=0xf0;
                  key_varl=key&0xf0;
                  key=0x0f;
                  key_varl=(key_varl)|(key&0x0f);
                  key=0xf0;
                  while( key! =0xf0);
                  return   key_varl;
              }
          }
      return 0x10;
  }
```

3. 矩阵键盘的软件结构

矩阵键盘软件也常采用扫描查询方式。其程序执行流程是：判别有无键按下→去抖动→键盘扫描取得闭合键的键值→等待按键释放→执行该闭合键的功能。与独立式键盘一样，按扫描查询所处的时刻，也分为程序查询、定时查询、中断查询三种方式。

1) 程序查询方式

矩阵键盘编程扫描方式是利用 CPU 完成其他工作的空余，调用键盘扫描子程序来响应键盘输入的要求。在执行键功能程序时，CPU 不再响应键输入要求，直到 CPU 重新扫描键盘为止。

例如：

```
/ *********** 函数声明,变量定 ******** /
#include <reg51. h>
#define KEY P1
/ ************** 变量声明 *************** /
void program_SCANkey( );    //程序扫描键盘,供主程序调用
void delay(unsigned int N);    //延时子程序,实现(16 * N+24)μs 的延时
bit judge_hitkey( );    //判断是否有键按下,有返回 1,没有返回 0
unsigned char scan_key( );    //扫描键盘,返回键值(高四位代表行,低四位代表列)
void key_manage(unsigned char keycode);    //键盘散转
void manage_key1(void);    //按键 1 处理程序
void manage_key2(void);    //按键 2 处理程序
void manage_key3(void);    //按键 3 处理程序
void manage_key4(void);    //按键 4 处理程序
/ *************** 程序扫描键盘 *************** /
void program_SCANkey( )
{
unsigned char key_code;
if(judge_hitkey( ))    //判断是否有键按下
{
delay(500);    //延时消除抖动干扰
```

```
        if(judge_hitkey( ))    //判断是否有效按键
          {
            key_code=scan_key( );
            while(judge_hitkey( ));    //等待按键释放
            key_manage(key_code);    //键盘扫描、键盘散转、按键处理
          }
      }
}
/ *************** 延迟程序 *************** /
  void delay(unsigned int N)
  {
   int i;
   for(i=0;i<N;i++);
  }
/ *************** 判断是否有键按下 *************** /
bit judge_hitkey( )    //判断是否有键按下,有返回1,没有返回0
{
unsigned char scancode,keycode;
scancode=0xff;    //P1.0~P1.7 输出全 1
KEY=scancode;
keycode=KEY;    //读 P1.0~P1.3 的状态
if(keycode==0xff)
return(0);    //全 1 则无键闭合
else
return(1);    //否则有键闭合
}
/ ********** 扫描键盘,返回键值 ********** /
unsigned char scan_key( )    //扫描键盘,返回键值
    unsigned char scancode,keycode;
    scancode=0xef;    //键盘扫描码,采用逐行扫描的方法
    while(scancode! =0xff)
    {
    KEY=scancode;    //输入扫描码,扫描 P1.3 对应的行
    keycode=KEY;
    if((keycode&0x0f)! =0x0f)
    break;    //扫描到按下的键,则退出
    scancode=(keycode<<1)|0x0f;    //否则,更新扫描码继续扫描
    }
    keycode=~keycode;
    return(keycode);
    }
/ *************** 键盘散转 *************** /
void key_manage(unsigned char keycode)
    {
```

```
            switch(keycode)
        {
            case 0x ee:manage_key1( );break;
            case 0x de:manage_key2( );break;
            case 0x be:manage_key3( );break;
            case 0x7e:manage_key4( );break;
            case 0x ed:manage_key5( );break;
            case 0x dd:manage_key6( );break;
            case 0x bd:manage_key7( );break;
         ......
            }
        }
/*.********* 按键 1 处理程序 **********/一
void manage_key1(void)
        {
         ......
        }
```

2) 定时查询方式

定时扫描方式就是每隔一段时间对键盘扫描一次，它利用单片机内部的定时器产生一定时间（例如 10ms）的定时，当定时时间到，就产生定时器溢出中断，CPU 响应中断后对键盘进行扫描，并在有键按下时识别出该键，再执行该键的功能程序。

例如，把程序查询方式程序改用 T0 定时查询方式，修改部分代码如下：

```
    /************** 设定 INT0 的工作方式 ***************/
void system_init(void)
            {
                TMOD=0x20；    //定时器 0 工作在方式 2 的定时模式
                ET0=1；    //定时器 0 中断允许
                TH0=0；
                TL0=0；
                TR0=1；    //定时器 0 开始计数
                EA=1；     //系统中断允许
                }
/********* 定时器 0 中断处理程序 *********/
void TIMER0_SCANkey( )interrupt 1 using 1
            {
                EA=0；
            if((++count_TI)%30==0)
            {
            switch(count_TI /30)
            {
        case 1:if(judge_hitkey( )==0)
                count_TI =0；    //无键按下,计数值归零
                break；
```

```
        case 2：break；
        case 3：if(judge_hitkey( )==0)
                count_TI =0；
                else
                key_code=scan_key( )；    //又有效键,获取键值
                break；
                default：if(judge_hitkey( )==0)//等待按键释放
                key_manage(key_code)；    //按键处理
                  }
              }
        EA=1；
    }
```

3) 中断查询方式

中断查询方式是把键盘接入中断源,如图5-4所示。当无键按下时,CPU 处理自己的工作,当有键按下时,产生中断请求,CPU 响应中断转去执行键盘扫描子程序,并识别键号。

例如,把程序查询方式程序改用中断查询方式,修改部分代码如下：

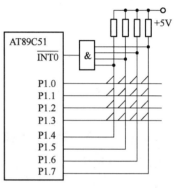

图 5-4　中断查询矩阵键盘图

```
/ **************** INT0 初始化设置 *************** /
void system_init(void)
                {
                IT0=0；    //选择 INT0 为电平触发方式
                EX0=1；    //外部中断允许
                EA=1；    //系统中断允许
                KEY=0xF0；
                }
/ **************** 外部中断 0 处理程序 *************** /
void INT0_SCANkey( )interrupt 0 using 1
      {
                unsigned char key_code=0；
                EA=0；
                delay(1000)；    //消抖动
                if(INT_0==0)    //判断是否有键按下
                  {
                  key_code=scan_key( )；    //又有效键,获取键值
                  while(INT_0==0)；    //等待按键释放
                  key_manage(key_code)；    //按键处理
                  }
                EA=1；
      }
```

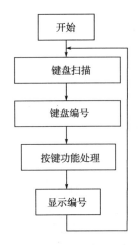

图 5-5　主程序流程图

4. 案例：编程实现数码管显示按键的编号

1) 编程要求

编写程序实现数码管显示 3×3 矩阵键盘中，按键 S1～S9 按下的对应的编号 1～9，若无按键按下则显示 0。

2) 编程思路

采用行列反转法进行键盘查询扫描，先输出 0xf8，获得列值，再输出 0xc7，获得行值，按键值 0xf3、0xf5、0xf6、0xeb、0xed、0xee、0xdb、0xdd、0xde 把按键编号为 1～9，按下某键就将该键的编号存入显示存储空间，然后经译码用数码管动态显示。主程序流程图如图 5-5 所示。

键盘编号是通过把所有按键的键值按编号存入数组，再把扫描获得的键值与数组元素比对，与数组中相同元素的编号就作为该键的编码编号。键盘功能处理，就是某按键按下就执行该按键的功能函数；每个按键都是将本按键编号存入显示存储空间。

3) 编写程序

按编程思路与主程序流程图（图 5-5），设计的参考程序如下：

```
#include<reg51.h>
#define key P1
unsigned char code led_seg_code[]={0x3f,0x06,0x5b,0x4f,0x66,0x6d,0x7d,0x07,
                                    0x7f,0x6f,0x77,0x7c,0x39,0x05e,0x79,0x71};
unsigned char dat_display[1];
unsigned char bit_array[1]={0xfe};
unsigned char tab[9]={0xf3,0xf5,0xf6,0xeb,0xed,0xee,0xdb,0xdd,0xde};
/ ************* 延迟函数 ************ /
void delay(unsigned char time)
{
    unsigned char j,k;
    for(k=0;k<time;k++)
       for(j=0;j<250;j++)
              ;
}

/ ************* 按键扫描函数 ******* ***** /
unsigned char key_scan(void )
{
    unsigned char key_varl;
    key=0xf8;
    if(key! =0xf8)
    {
       delay(10);
       key=0xf8;
       if(key! =0xf8)
```

```
            {
                key=0xf8;
                key_varl=key&0xf8;
                key=0xc7;
                key_varl=(key_varl)|(key&0xc7);
                key=0xf8;
                while( key! =0xf8);
                return key_varl;
            }
        }
}
/ *********** 按键编号 *********** /
unsigned char key_code(unsigned char key_varl)
{
    unsigned char key_number;
    for(key_number=0;key_number<9;key_number++)
        {
            if(key_varl==tab[key_number])
            return key_number+1;
        }
}


/ ************* 显示1位数据函数 **************** /
void display_1Byte(unsigned char seg_code,unsigned char bit_code)
{
    P2 =0xff;     //关断
    P0 =seg_code;              //送段码
    P2 =bit_code;   //送位码
    delay(100);    //延迟
}


/ ********* 显示编号函数 ********** /
void display( )
{
    unsigned char i;
    {
    for(i=0;i<1;i++)
    display_1Byte(led_seg_code[dat_display[i]],bit_array[i]);
    }
}


/ ********* 按键功能函数 ********** /
void in_key(unsigned char number)
{
```

```
    dat_display[0]=number;
}

/＊＊＊＊＊＊＊＊＊键盘管理函数＊＊＊＊＊＊＊＊＊＊/
key_manage(unsigned char key_val)
{
    switch(key_val)
{
    case 0:in_key(key_val);break;
    case 1:in_key(key_val);break;
    case 2:in_key(key_val);break;
    case 3:in_key(key_val);break;
    case 4:in_key(key_val);break;
    case 5:in_key(key_val);break;
    case 6:in_key(key_val);break;
    case 7:in_key(key_val);break;
    case 8:in_key(key_val);break;
    case 9:in_key(key_val);break;
    default:break;
    }
}
/＊＊＊＊＊＊＊＊＊主函数＊＊＊＊＊＊＊＊＊＊/
main(   )
{
unsigned char key_val,key_number;
while(1)
{
 key_val=key_scan( );
 key_number=key_code(key_val);
 key_manage(key_number);
 display( );
 }
 }
```

5.4 项目实施

1. 总体设计思路

基本功能实现思路是：用 AT89C51 单片机作控制，3×3 矩阵键盘实现抢答操作，2 位共阳数码管动态显示抢答者按键编号，抢答器总体设计框图如图 5-6 所示。

2. 设计抢答器硬件电路

用 AT89C51 单片机作控制，系统时钟为 12MHz，采用通电复位与按键复位相结合的方式，2 位共阳极数码管作显示（1 位作倒计时功能扩展用），单片机的 P0 口作显示段码输出端口，P2 口的 P2.0 作数码管位选控制端口，P1 口的 P1.0～P1.5 构成 3×3 矩阵键盘，外接 S1～S9 作抢答者按键，九路抢答器参考电路如图 5-7 所示。

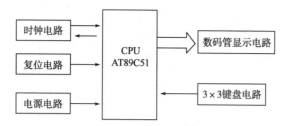

图 5-6　抢答器总体设计框图

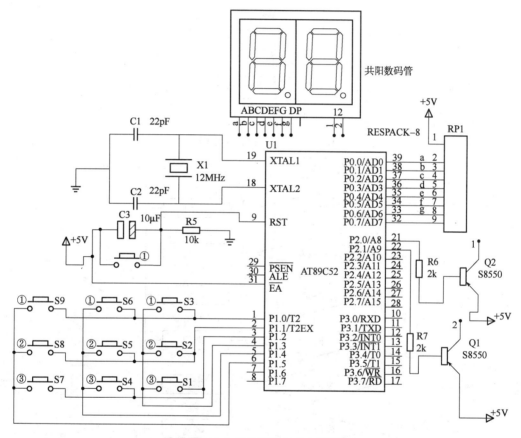

图 5-7　九路抢答器参考电路图

3. 程序设计

1) 编程思路

采用线反转法，先输出 0xf8，获得列码，然后输出 0xc7 获得行码，再合并按键的键值，9 个按键按下时返回键值分别为 0xf3、0xf5、0xf6、0xeb、0xed、0xee、0xdb、0xdd、0xde，根据键值分别执行 1～9 号的抢答操作。

某一按键按下后，首先显示按键编号，然后让程序停止按键扫描，使其他按键无效，键盘扫描程序流程图如图 5-8 所示，键盘管理程序流程图如图 5-9 所示，抢答器主程序参考流程图如图 5-10 所示。

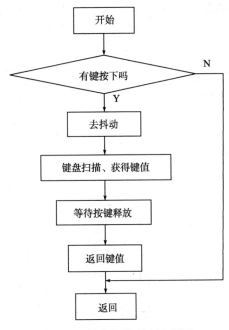

图 5-8　键盘扫描程序流程图

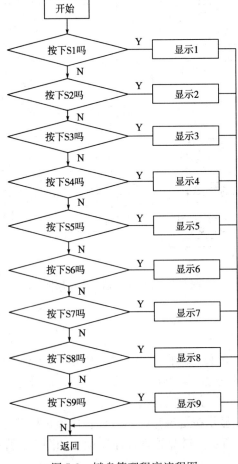

图 5-9　键盘管理程序流程图

2) 设计程序

根据程序流程图，结合硬件设计，九路抢答器参考程序如下：

```
#include<reg51.h>
#define key P1
unsigned char dat_display[2];
unsigned char tab[9]={0xf3,0xf5,0xf6,0xeb,0xed,0xee,0xdb,0xdd,
0xde};
unsigned char led_seg_code[]={0xC0,0xF9,0xA4,0xB0,0x99,
0x92,0x82,0xF8,0x80,0x90};
unsigned char bit_array[1]={0xfd};
```

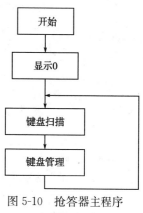

图 5-10　抢答器主程序
参考流程图

```
/************************
函数名称:延迟函数
函数功能:延迟
入口参数:延迟时间 time ms
出口参数:无
************************/
void delay(unsigned char time)
  {
        unsigned char j,k;
        for(k=0;k<time;k++)
          for(j=0;j<250;j++)
                ;
  }
/************************
  函数名称:键盘扫描函数
  函数功能:实现按键扫描
  入口参数:无
  出口参数:键值
************************/
  unsigned char key_scan(void)
  {
      unsigned char key_varl;
      key=0xf8;
      if(key!=0xf8)
      {
        delay(10);
        key=0xf8;
        if(key!=0xf8)
          {
              key=0xf8;
              key_varl=key&0xf8;
              key=0xc7;
              key_varl=(key_varl)|(key&0xc7);
```

```
            key=0xf8;
            while( key! =0xf8);
            return key_varl;

        }

    }


/*************************
    函数名称:键盘编号函数
    函数功能:实现按键编号
    入口参数:键值
    出口参数:编号
*************************/
    unsigned char key_code(unsigned char key_varl)
    {
        unsigned char key_number;
        for(key_number=0;key_number<9;key_number++)
        {
            if(key_varl==tab[key_number])
            return key_number+1;
        }
    }


/*************************
    函数名称:显示1位数据函数
    函数功能:实现显示1位数据
    入口参数:断码
    出口参数:位码
*************************/
    void display_1Byte(unsigned char seg_code,unsigned char bit_code)
    {
    P2 =0xff;    //关断
    P0 =seg_code;      //位码
    P2 =bit_code;    //段选
    delay(100);    //延时
    }


/*************************
    函数名称:显示函数
    函数功能:实现按键编号
    入口参数:无
    出口参数:无
*************************/
```

```
     void display(void)
{
     unsigned char i;
     {
     display_1Byte(led_seg_code[dat_display[0]],bit_array[0]);
     }
}
```

/ *
函数名称:按键功能处理函数
函数功能:实现按键功能
入口参数:按键编号
出口参数:无
* /
```
     void in_key(unsigned char number)
     {
     dat_display[0]=number;     //储存编号
     while(number)
     {
     display( );     //编号不为 0 就,显示编号
     }
}
```

/ *
函数名称:按键管理函数
函数功能:按键功能处理
入口参数:键值
出口参数:无
* /
```
key_manage(unsigned char key_val)
     {
     switch(key_val)
     {
     case 0:in_key(key_val);break;
     case 1:in_key(key_val);break;
     case 2:in_key(key_val);break;
     case 3:in_key(key_val);break;
     case 4:in_key(key_val);break;
     case 5:in_key(key_val);break;
     case 6:in_key(key_val);break;
     case 7:in_key(key_val);break;
     case 8:in_key(key_val);break;
     case 9:in_key(key_val);break;
     default:break;
```

```
            }
    }
    / ********* 主函数 ********** /
    main(   )
    {
    unsigned char key_val,key_number;
    while(1)
    {
        display(   );
        key_val＝key_scan(   );
        key_number＝key_code(key_val);
        key_manage(key_number);
        }
    }
```

4. 调试仿真

（1）利用 keil uVisison2 的调试功能，根据错误提示，双击"提示"找到错误代码，排除各种语法错误。

（2）通过对端口、子函数入口参数赋值、变量赋值，对存储空间、端口数据、变量数据观察，用单步调试的方式调试子程序和主程序。

（3）编译成 hex 文件。

（4）用 Proteus 软件按电路图，放置电路元件电阻（RES、PULLUP）、电容（CAP）晶振（CRYSTAL）、AT89C51、按键（BUTTON）、三极管（PNP）、电源、接地等。抢答器仿真模型图如图 5-11 所示。

5. 安装元器件，烧录、调试样机

（1）仿真调试成功后，按电路图把元件焊接安装在电路板上，下载程序，进行静态和动态检测。

（2）运行程序，如不能运行，则先排除各种故障（供电、复位、时钟、内外存储空间选择、软硬件端口运用一致等）。

（3）测试抢答器功能。对照任务要求，按下各个抢答按键，观察是否实现抢答器的功能，如没有实现功能，则调整电路或元件参数、优化程序，重新调试、编译、下载、运行程序，测试功能。

5.5　拓展训练

（1）用数码管作显示，设计制作密码锁。

（2）用数码管作显示，设计制作电梯控制器。

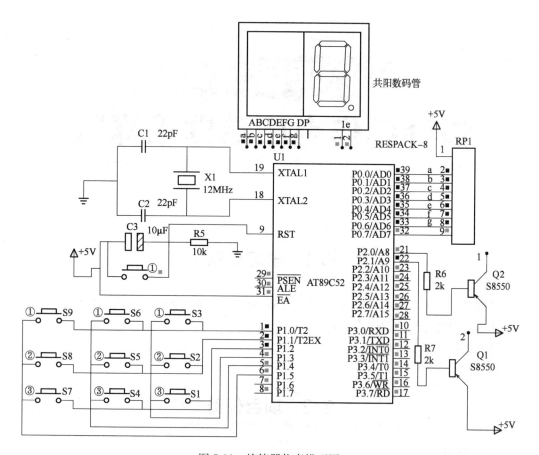

共阳数码管

图 5-11 抢答器仿真模型图

项目 6

设计制作电压数据采样器

6.1 学习目标

①掌握 MCS-51 系列单片机与 A/D 转换器 ADC0809 的接口应用；
②掌握简单时序图的识读方法；
③巩固数码管显示接口应用；
④熟练 C51 程序设计。

6.2 项目任务

1) 项目要求
①用 Keil C51、Proteus 等软件作开发工具；
②用 AT89C51 单片机作控制，ADC0809 作 A/D 转换器；
③三位数码管作显示；
④能采样 0~5V 的直流电压，精确到两位小数；
⑤发挥扩充功能：如增加超量程提示功能等。

2) 设计制作任务
①拟定总体设计制作方案；
②拟定硬件电路；
③编制程序流程图及设计相应源程序；
④仿真调试电压数据采样器；
⑤安装元件，制作电压数据采样器，调试功能指标。

6.3 相关知识

6.3.1 A/D 转换器主要性能指标及选型

1. A/D 转换器主要性能指标

A/D 转换器主要性能指标如下。

1) 分辨率

A/D 转换器的分辨率，是指引起 A/D 转换器的输出数字量变动一个二进制数码最低有效位（LSB）（例如从 00H 变到 01H）时，输入模拟量的最小变化量。例如，A/D 转换器输入模拟电压变化范围为 0～10V，输出为 10 位码，则分辨率 R 为：

$$R = \frac{\Delta U}{2^n - 1} = \frac{10}{2^{10} - 1} = 9.77\text{mV}$$

比 9.77mV 小的模拟量变化不再引起输出数字量的变化，所以，A/D 转换器的分辨率反映了它对输入模拟量微小变化的分辨能力。在满量程一定的条件下，位数越多，分辨率越高。常用的 A/D 转换器有 8、10、12 位等几种。

2) 精度

A/D 转换器的精度决定于量化误差及系统内其他误差。一般的精度指标为满量程的 $\pm 0.02\%$，高精度指标为满量程的 $\pm 0.001\%$。

3) 转换时间或转换速度率

从输入模拟量到转换完毕，输出数字量所需要的时间称为转换时间，转换时间越短，速率越高。A/D 转换器转换时间的典型值为 $50\mu s$，高速 A/D 转换器的转换时间为 50ns。

4) 温度系数和增益系数

这两项指标表示 A/D 转换器受环境温度影响的程度。一般用每摄氏度温度变化所产生的相对误差作为指标。

5) 电源电压抑制比

A/D 转换器对电源电压变化的抑制比，用改变电源电压使数据发生 ± 1LSB 变化时，所对应的电源电压变化范围来表示。

2. A/D 转换器的选取原则

（1）根据系统精度、线性度、输出位数的需要选择 A/D；

（2）根据 A/D 转换器的输入信号范围、极性选择 A/D；

（3）依据信号的驱动能力，是否要经过缓冲、滤波和采样/保持选择 A/D；

（4）根据系统对 A/D 转换器输出的数字代码、逻辑电平的要求及输出方式选择 A/D；

（5）根据系统的工作状态（静态/动态）、带宽、采样速率选择 A/D；

（6）根据电源电压、功耗、几何尺寸等，以及参考电压特性选择 A/D；

（7）根据 A/D 转换器的工作环境（噪声、温度、振动）选择 A/D。

6.3.2　ADC0809 A/D 转换器

1. 主要特性

ADC0809 主要特性如下：

①8 路 8 位 A/D 转换器；

②具有转换起停控制端；

③转换时间为 $100\mu s$；

④单个 +5V 电源供电；

⑤模拟输入电压范围 0～5V，不需零点和满刻度校准；

⑥工作温度范围为 -40～85℃；

⑦低功耗，约 15mW；

⑧时钟频率最高 640kHz。

2. 内部结构与引脚功能

1) 内部结构

ADC0809 是 CMOS 单片型逐次逼近式 A/D 转换器，内部结构如图 6-1 所示，由 8 路模拟开关、地址锁存与译码器、比较器、8 位 A/D 转换器、一个三态输出锁存器组成。一个 A/D 转换器和多路开关可选通 8 个模拟通道，允许 8 路模拟量分时输入，共用 A/D 转换器进行转换。三态输出锁器用于锁存 A/D 转换完的数字量，当 OE 端为高电平时，才可以从三态输出锁存器取出转换完的数据。因此，ADC0809 可处理 8 路模拟量输入，且有三态输出能力，既可与各种微处理器相连，也可单独工作。输入输出与 TTL 兼容。

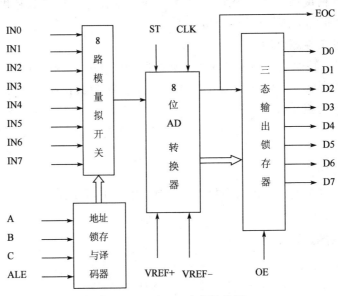

图 6-1　ADC0809 内部结构图

2) 引脚功能

如图 6-2 所示，ADC0809 芯片为双列直插式 28 引脚封装，其引脚功能如下。

IN0~IN7：8 路模拟量输入端。

D0~D7：8 位数字量输出端。

A、B、C：3 位地址输入线，用于选通 8 路模拟输入中的一路，如表 6-1 所示。

ALE：地址锁存允许信号，输入，高电平有效。

START：A/D 转换启动信号，输入，高电平有效。

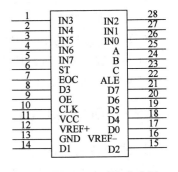

图 6-2　ADC0809 引脚分布图

EOC：A/D 转换结束信号，输出，当 A/D 转换结束时，此端输出一个高电平（转换期间一直为低电平）。

OE：数据输出允许信号，输入，高电平有效。当 A/D 转换结束时，此端输入一个高电平，才能打开输出三态门，输出数字量。

CLK：时钟脉冲输入端。因 ADC0809 的内部没有时钟电路，所需时钟信号必须由外界提供，要求时钟频率不高于 640kHz，通常使用频率为 500kHz。

表 6-1　通道选择真值表

C	B	A	选择通道
0	0	0	IN0
0	0	1	IN1
0	1	0	IN2
1	1	1	IN3
1	0	0	IN4
1	0	1	IN5
1	1	0	IN6
1	1	1	IN7

VREF（＋）、VREF（－）：基准电压。

VCC：电源，＋5V。

GND：地。

3. ADC0809 的工作时序

ADC0809 工作时序如图 6-3 所示。从时序图可知：由 A、B、C 输入 3 位通道选择位，在 ALE 上升沿经锁存和译码选通一路模拟量，并使 ALE＝1，将地址存入地址锁存器中。START 上升沿将逐次逼近寄存器复位，START 下降沿启动 A/D 转换，约经 $10\mu s$ 之后，EOC 输出信号变低，指示转换正在进行。当 A/D 转换完成，EOC 变为高电平，结果数据已存入锁存器。当 OE 输入高电平时，输出三态门打开，转换结果的数字量输出到数据总线上。

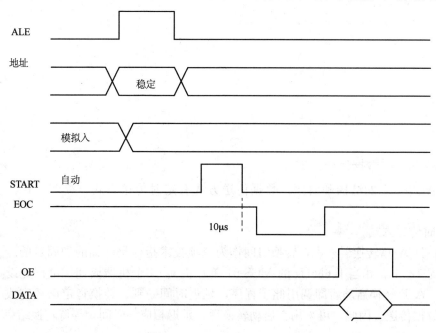

图 6-3　ADC0809 工作时序图

4. 案例：编写通道选择与启动转换子程序

1）编程要求

AD0809 的通道选择引脚与 P3^4、P3^5、P3^6 相连接，启动引脚与 ALE 引脚与 P3^0 连接，编写程序选择通道 0，启动 A/D 转换。

2) 编程思路

先定义引脚，按 ABC 的选择逻辑，从对应引脚输出电平组合选择通道，锁存用 ST 控制信号进行控制；然后，按照 AD0809 的时序，与启动引脚相连的引脚产生 START 上升沿，将逐次逼近寄存器复位，再产生下降沿（就是 ST 端给出一个至少有 100ns 宽的正脉冲信号）启动转换。

3) 编写程序

根据编程思路，编写参考程序如下：

```
#include<reg51.h>
/ ***************** 定义引脚 ************** /
sbit ST=P3^0;
sbit P34=P3^4;
sbit P35=P3^5;
sbit P36=P3^6;
/ *********** 通道选择函数 ************ /
void passageway(void)
{
  P34=0;        //选择通道 0
  P35=0;
  P36=0;
}
/ ********** 启动函数 ********** /
void start(void)
{
ST=0;
ST=1;
ST=0;
}
```

5. ADC0809 的数据传送方式

根据 ADC0809 的结构和时序，数据传送方式有定时传送方式、查询方式、中断方式三种。

1) 定时传送方式

对于一种 A/D 转换器来说，转换时间作为一项技术指标是已知的和固定的。ADC0809 转换时间为 $128\mu s$，相当于 6MHz 的 MCS-51 单片机共 64 个机器周期。可据此设计一个延时子程序，A/D 转换启动后即调用此子程序，延迟时间一到，转换肯定已经完成了，接着就可进行数据传送。因此，可采用在启动转换后，延迟相应的时间，等待转换结束，直接读出结果。

2) 查询方式

ADC0809 转换器有表明转换完成的状态信号，它的 EOC 端在转换结束后变为高电平。因此可以用查询方式，测试 EOC 的状态，即可确认转换是否完成，并接着进行数据传送。

采用查询方式时，单片机的口线与 ADC0809 的控制引脚相连，产生通道选择、启动转换、允许输出等控制信号，时钟由 ALE 分频产生或 I/O 引脚输出脉冲产生。查询 EOC 信号有效后，允许输出，读出转换结果并保存。

3) 中断方式

把表明转换完成的状态信号（EOC）作为中断请求信号，以中断方式进行数据传送。

采用中断方式是通过单片机 I/O 口线与 AD 控制引脚相连，启动转换，当转换结束引发中断，在中断过程中读出数据。

6. 案例：编写读出转换结果并保存子程序

1) 编程要求

AD0809 的转换结束信号输出引脚 EOC 与 P3^2 相连接，允许输出引脚 EOC 与 P3^1 连接，数据输出端口与 P0 口相连接。编写程序读出某指定通道的转换结果，并保存到数组 AD_dat [0] 存储空间。

2) 编程思路

按照 AD0809 的时序，当 A/D 转换完成，EOC 变为高电平，结果数据已存入锁存器。当 OE 输入高电平时，输出三态门打开，转换结果的数字量输出到数据总线上。因此，先定义引脚，可以采用查询方式、延迟方式读出结果。

3) 编写程序

根据编程思路，编写参考程序如下：

```
#include<reg51.h>
/ ************** 定义引脚与数组 ************** /
unsigned char AD_dat[1];
sbit OE=P3^1;
sbit EOC=P3^2;
/ ************** 读出结果函数 ************** /
void Read（void）
{
OE=1;
dispbuf[0]=P0;    //读数据
OE=0;
}
/ ************** (延迟方式)读结果函数 ************** /
void Read_dat(void);
{
while(EOC==0);    //查询等待,也可调用 delay( );代替等待。
Read( );
}
/ ************** 查询方式读结果函数 ************** /
void Read_dat(void);
{
if(EOC==1)    //查询是否转换结束。
Read( );
}
```

6.4 项目实施

1. 总体设计思路

基本功能部分的实现思路是：用 AT89C51 单片机作控制，12MHz 时钟，选择 ADC0809 的一个通道输入待测直流电压，经 A/D 转换后，经标定、BCD 码转换、高位消隐等处理用数码管显示。总体结构框图如图 6-4 所示。

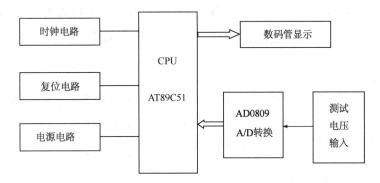

图 6-4　电压数据采样器结构框图

2. 设计硬件电路

用 AT89C51 作控制、ADC0809 作模数转换、一只 4 位一体共阴数码管作显示。AT89C51P1 端口的 P1.0～P1.7 电压显示输出；P2 端口的 P2.0～P2.7 作为数码管的位选控制端口；P0 端口的 P0.0～P0.7 用作 A/D 转换完毕的数据输入端口；P3 端口的 P3.4、P3.5、P3.6 作为通道选择地址信号输出端口，P3.0 作为启动控制输出端口，P3.1 作允许输出控制，P3.2 作为转换状态输入端；时钟信号由 AT89C51 的 P3.3 定时中断产生；ADC0809 的 IN3 端子作电压采集输入端口。参考电路图如图 6-5 所示。

3. 电压数据采样器程序设计

1) 程序设计思路

用软件来产生时钟信号，用 P3.3 定时取反输出 CLK 信号；进行 A/D 转换之前，ABC=110，选择第三通道，通过 ST=0，ST=1，ST=0 产生启动转换的正脉冲信号启动转换；进行 A/D 转换时，采用查询 EOC 的标志信号来检测 A/D 转换是否完毕，若完毕则通过 P0 端口读入数据；实际显示的电压值与数字量关系为：

$$电压值＝VREF×D/256$$

电压值经过 BCD 码转换、译码，再用数码管显示。参考主程序流程图如 6-6 所示，中断程序流程图如图 6-7 所示。

2) 程序设计

根据硬件电路图和按程序流程图设计电压源程序，参考程序如下：

```
/*……. 包含头文件、定义变量及引脚分配、定义缓存区、函数声明……*/
＃include＜reg51. h＞
unsigned char code dispbitcode [] = {0x3f, 0x06, 0x5b, 0x4f, 0x66, 0x6d, 0x7d, 0x07, 0x7f, 0x6f};
unsigned char dispbuf [4];      //4 位显示缓存区
```

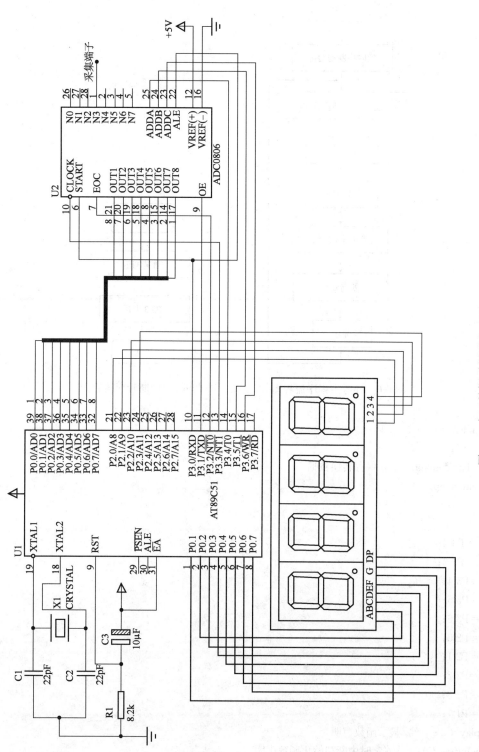

图6-5 电压数据采样器电路图

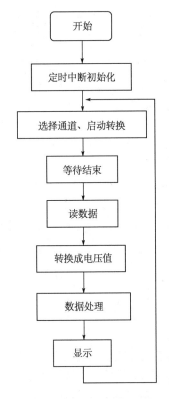

图 6-6 参考主程序流程图

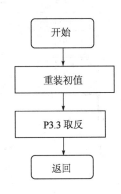

图 6-7 中断程序流程图

```
unsigned int i;
unsigned int j;
unsigned char getdata;      //保存转换数据
unsigned int temp;
sbit ST=P3^0;
sbit OE=P3^1;
sbit EOC=P3^2;
sbit CLK=P3^3;
sbit P34=P3^4;
sbit P35=P3^5;
sbit P36=P3^6;
sbit P20=P2^0;
sbit P21=P2^1;
sbit P22=P2^2;
sbit P23=P2^3;
sbit P17=P1^7;
void Display ( );    //显示函数声明
void TimeInitial ( );    //定时中断初始化函数声明
void Delay (unsigned int i);    //延时函数声明
/***************定时中断初始化程序****************/
void TimeInitial ( )
```

```
{
TMOD＝0x10；
TH1＝（65536－200）/256；
TL1＝（65536－200）%256；
EA＝1；
ET1＝1；
TR1＝1；
}
/＊＊＊＊＊＊＊＊＊＊＊＊＊＊＊延迟子函数＊＊＊＊＊＊＊＊＊＊＊＊＊＊＊＊/
void Delay（unsigned int i）    //延迟函数
{
  unsigned int j，k；
  for（k＝i；k＞0；k－－）
   {
   for（j＝0；j＜125；j＋＋）
；
   }
/＊＊＊＊＊＊＊＊＊＊＊＊＊＊＊显示子函数＊＊＊＊＊＊＊＊＊＊＊＊＊＊＊＊/
void Display（ ）    //显示函数
{
if（dispbuf［3］!＝0）
P1＝dispbitcode［dispbuf［3］］；    //显示十位
P20＝0；
P21＝1；
P22＝1；
P23＝1；
Delay（10）；
P1＝0x00；
P1＝dispbitcode［dispbuf［2］］；    //显示个位及小数点
P17＝1；    //小数点位线
P20＝1；
P21＝0；
P22＝1；
P23＝1；
Delay（10）；
P1＝0x00；
P1＝dispbitcode［dispbuf［1］］；    //显示第一位小数
P20＝1；
P21＝1；
P22＝0；
P23＝1；
Delay（10）；
P1＝0x00；
P1＝dispbitcode［dispbuf［0］］；    //显示第二位小数
```

```
P20＝1；
P21＝1；
P22＝1；
P23＝0；
Delay（10）；
P1＝0x00；
}
/************** 主函数 **************/
main （  ）
{
TimeInitial （ ）；
while （1）
{
ST＝0；      //启动转换
OE＝0；
ST＝1；
ST＝0；
P34＝1；      //选择通道
P35＝1；
P36＝0；
while （EOC＝＝0）；      //等待转换结束
OE＝1；      //允许输出
getdata＝P0；      //读数据
OE＝0；      //关数据输出
temp＝getdata * 1.0/255 * 500；      //数字量转换成电压
dispbuf ［0］ ＝temp％10；      //转换成十进制
dispbuf ［1］ ＝temp/10％10；
dispbuf ［2］ ＝temp/100％10；
dispbuf ［3］ ＝temp/1000；
Display （ ）；
}
}
/************** T1 中断子函数 **************/
void t1 （void） interrupt 3 using 0      //中断号 3、寄存器组 0
{
    TH1＝（65536－200）/256；      //装初值
    TL1＝（65536－200）％256；
    CLK＝～CLK；      //输出时钟信号
}
```

4. 调试仿真

（1）利用 Keil μVisison2 的调试功能，根据错误提示，双击"提示"找到错误代码，排除各种语法错误。

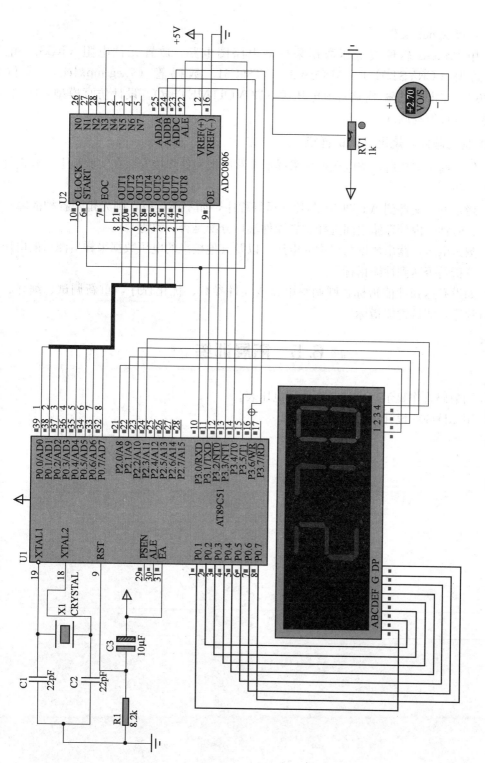

图6-8 电压数据采样器仿真模型图

（2）通过对端口、入口参数赋值，存储空间或、端口、变量数据查询，调试子程序和主程序。

（3）编译成 hex 文件。

（4）用 Proteus 软件按电压数据采样器电路图电路，放置元件电阻（RES）、电容（CAP）晶振（CRYSTAL）、ADC0809、AT89C51、数码管（7seg-mpx4cc）、电位器（POT-HG），点击工具☎找到直流电压源（DCVOITMETER）。设计仿真模型，如图 6-8 所示，然后进行仿真调试。

5. 安装元器件，烧录、调试样机

（1）仿真调试成功后，按电压数据采样器电路图把元件焊接安装在实验板上，并进行静态和动态检测。

（2）烧录 hex 文件到 AT89C51 芯片，运行程序，如不能运行，则先排除各种故障（供电、复位、时钟、内外存储空间选择、软硬件端口分配是否一致等）。

（3）测试电压，读出数据与提供的电压，以及其他校准的电压数据采样器测得的电压进行对比，分析是否达到性能指标。

（4）如没有达到性能指标，则调整电路或元件参数、优化程序，重新调试、编译、下载、运行程序，测试性能指标。

6.5 拓展训练

（1）用数码管作显示，设计制作数字电压表。

（2）用 AD0809 设计多路数据采集器。

项目 7

设计制作信号发生器

7.1 学习目标

①掌握独立式键盘的应用；
②掌握 MCS-51 系列单片机与 D/A 转换器 DAC0832 的接口应用；
③熟练 C51 程序设计。

7.2 项目任务

1) 项目要求
①用 Keil C51、Proteus 等软件作开发工具；
②用 AT89C51 单片机作控制，DAC0832 作 D/A 转换；
③三只按键作操作按键，8 位数码管作显示；
④能键控输出方波、三角波、正弦波三种波形信号；
⑤输出信号幅度稳定、频率可调；
⑥发挥扩充功能：如幅度可调、频率可调，幅度、频率范围及精度可控等。

2) 设计制作任务
①拟定总体设计制作方案；
②拟定硬件电路；
③编制程序流程图及设计相应源程序；
④仿真调试信号发生器；
⑤安装元件，制作信号发生器，调试功能指标；
⑥完成项目报告。

7.3 相关知识

7.3.1 MCS-51 单片机三总线结构及绝对地址访问

1. MCS-51 单片机三总线结构
当 MCS-51 单片机在进行外部存储器扩展时，其引脚可构成地址总线（AB）、数据总线

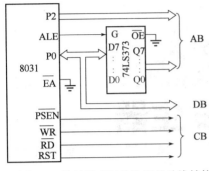

图 7-1 片外扩充时单片机的总线结构

(DB)、控制总线（CB）的三总线结构。典型应用如图7-1所示。P0、P2 构成地址总线对外部存储器寻址，P0 时分复用作数据总线，P3 口的/PSEN、/WR、/RD、ALE 等作为控制总线。

WR 和 RD 作控制总线用时，当单片机读写外部指定地址空间数据时，会自动产生跳变。

2. 绝对地址访问

绝对地址是指存储控制部件能够识别的主存单元编号（或字节地址），也就是主存单元的实际地址。片内 RAM 的使用、片外 RAM 及 I/O 口的使用又称为绝对地址访问。

C51 提供了两种比较常用的访问绝对地址的方法。

1) 绝对宏

C51 语言编译器提供了一组宏定义，对 51 单片机的 code、data、pdata 和 xdata 空间进行绝对寻址。在程序中，用"♯include<absacc.h>"即可使用其中声明的宏来访问绝对地址，包括 CBYTE、CWORD、DBYTE、DWORD、XBYTE、XWORD、PBYTE、PWORD，具体使用方法参考 absacc.h 头文件。其中：

CBYTE——以字节形式对 code 区寻址；

CWORD——以字形式对 code 区寻址；

DBYTE——以字节形式对 data 区寻址；

DWORD——以字形式对 data 区寻址；

XBYTE——以字节形式对 xdata 区寻址；

XWORD——以字形式对 xdata 区寻址；

PBYTE——以字节形式对 pdata 区寻址；

PWORD——以字形式对 pdata 区寻址。

例如：

```
♯include<absacc.h>
rval＝CBYTE[0x0002]    //指向程序存储器 0002H 地址
rval＝XBYTE[0x0002]    //指向外部 RAM 的 0002H 地址
```

2) _ at_ 关键字

可以使用关键字 _ at _ 对指定的存储器空间的绝对地址进行访问，格式如下：

［存储类型］数据类型标识符 变量名 _ at_ 地址常数

例如：

```
struct idata list _at_ 0x50；    //指定 list 结构从内部 RAM 的 50H 开始
char xdata text[50] _at_ OxE010；    //指定 text 数组从外部 RAM 的 E010H 单元开始
```

7.3.2 D/A 转换器的主要性能指标

D/A 转换器的主要特性指标如下。

1) 分辨率

分辨率指最小输出电压（对应的输入数字量只有最低有效位为"1"），与最大输出电压

（对应的输入数字量所有有效位全为"1"）之比。如 N 位 D/A 转换器，其分辨率为 1/（2N－1）。在实际使用中，表示分辨率大小的方法也用输入数字量的位数来表示。

2) 线性度

用非线性误差的大小表示 D/A 转换的线性度。把理想的输入/输出特性的偏差，与满刻度输出之比的百分数定义为非线性误差。

3) 转换精度

D/A 转换器的转换精度，与 D/A 转换器的集成芯片的结构和接口电路配置有关。如果不考虑其 D/A 转换误差时，D/A 的转换精度就是分辨率的大小，因此要获得高精度的 D/A 转换结果，首先要保证选择有足够分辨率的 D/A 转换器。同时 D/A 转换精度还与外接电路的配置有关，当外部电路器件或电源误差较大时，会造成较大的 D/A 转换误差。

在 D/A 转换过程中，影响转换精度的主要因素有失调误差、增益误差、非线性误差和微分非线性误差。

4) 建立时间

建立时间是 D/A 转换速率快慢的一个重要参数，是 D/A 转换器中的输入代码有满度值的变化时，其输出模拟信号电压（或模拟信号电流）达到满刻度值±1/2LSB 时所需要的时间。不同型号的 D/A 转换器，其建立时间也不同，一般从几个毫微秒到几个微秒。若输出形式是电流的，则其 D/A 转换器的建立时间是很短的；若输出形式是电压的，则其 D/A 转换器的主要建立时间是输出运算放大器所需要的响应时间。

由于一般线性差分运算放大器的动态响应速度较低，D/A 转换器的内部都带有输出运算放大器或者外接输出放大器的电路，因此其建立时间比较长。

5) 温度系数

在满刻度输出的条件下，温度每升高 1℃，输出变化的百分数定义为温度系数。

6) 电源抑制比

对于高质量的 D/A 转换器，要求开关电路及运算放大器所用的电源电压发生变化时，对输出电压影响极小。通常，把满量程电压变化的百分数，与电源电压变化的百分数之比称为电源抑制比。

7) 工作温度范围

一般情况下，影响 D/A 转换精度的主要环境和工作条件因素是温度和电源电压变化。由于工作温度会对运算放大器加权电阻网络等产生影响，所以只有在一定的工作范围内才能保证额定精度指标。较好的 D/A 转换器的工作温度范围在－40～85℃之间，较差的 D/A 转换器的工作温度范围在 0～70℃之间。

8) 失调误差（或称零点误差）

失调误差定义为数字输入全为 0 码时，其模拟输出值与理想输出值之偏差值。对于单极性 D/A 转换，模拟输出的理想值为零伏点。对于双极性 D/A 转换，理想值为负域满量程。

9) 增益误差（或称标度误差）

D/A 转换器的输入与输出传递特性曲线的斜率，称为 D/A 转换增益或标度系数，实际转换的增益与理想增益之间的偏差称为增益误差。

10) 非线性误差

D/A 转换器的非线性误差定义为实际转换特性曲线与理想特性曲线之间的最大偏差，并以该偏差相对于满量程的百分数度量。在转换器电路设计中，一般要求非线性误差不大于

±1/2LSB。

7.3.3 DAC0832 D/A 转换器

1. DAC 0832 引脚功能与内部结构

1) DAC 0832 引脚功能

DAC0832 是 20 引脚的双列直插式芯片，其引脚功能如图 7-2 所示。

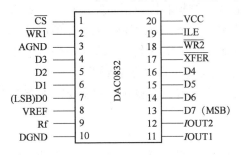

图 7-2　DAC0832 引脚功能

/CS：片选信号，和允许锁存信号 ILE 组合来决定/WR1 是否起作用。

ILE：允许锁存信号。

/WR1：写信号 1，作为第一级锁存信号，将输入资料锁存到输入寄存器（此时，/WR1 必须和 /CS、ILE 同时有效）。

/WR2：写信号 2，将锁存在输入寄存器中的数据，送到 DAC 寄存器中进行锁存（此时，传输控制信号/XFER 必须有效）。

/XFER：传输控制信号，用来控制/WR2。

D7～D0：8 位数据输入端。

IOUT1：模拟电流输出端 1。当 DAC 寄存器中全为 1 时，输出电流最大；当 DAC 寄存器中全为 0 时，输出电流为 0。

IOUT2：模拟电流输出端 2。IOUT1＋IOUT2＝常数。

Rf：反馈电阻引出端。DAC0832 内部有反馈电阻，Rf 端可以直接接到外部运算放大器的输出端，相当于将反馈电阻接在运算放大器的输入端和输出端之间。

VREF：参考电压输入端。可接电压范围为±10V。外部标准电压通过 VREF 与 T 型电阻网络相连。

VCC：芯片供电电压端。范围为 5～15V，最佳工作状态是＋15V。

AGND：模拟地，即模拟电路接地端。

DGND：数字地，即数字电路接地端。

2) DAC0832 内部结构

DAC0832 的逻辑结构如图 7-3 所示。

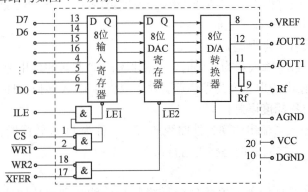

图 7-3　DAC0832 逻辑结构图

DAC0832 由 8 位输入锁存器，8 位 DAC 寄存器和 8 位 D/A 转换电路组成。

当 ILE 为高电平，CS 为低电平，WR1 为负脉冲时，在 LE1 产生正脉冲。LE1 为高电平时，输入寄存器的状态随数据输入线状态变化，LE1 的负跳变，将输入数据线上的信息存入输入寄存器。

当 XFER 为低电平，WR2 输入负脉冲时，则在 LE2 产生正脉冲。LE2 为高电平时，DAC 寄存器的输入与输出寄存器的状态一致，LE2 负跳变，输入寄存器内容存入 DAC 寄存器。

2. 信号的输出

DAC0832 的输出是电流型的。一般用运算放大器实现电流信号和电压信号之间的转换。

1) 单极性电压输出

在单极性电压环境，可采用如图 7-4 所示连接。

输出与输入的关系为：

$$VOUT = -B \times (VREF/256)$$

其中，$B = b_7 \times 2^7 + b_6 \times 2^6 + b_5 \times 2^5 + b_4 \times 2^4 + b_3 \times 2^3 + b_2 \times 2^2 + b_1 \times 2^1 + b_0 \times 2^0$，VREF/256 为常数。

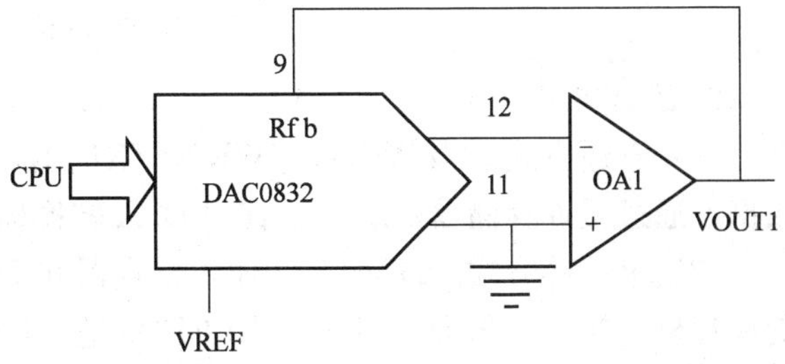

2) 双极性电压输出

在双极性电压环境，可采用如图 7-5 所示连接。

输出与输入的关系为：

图 7-4 DAC0832 单极性电压输出连接图

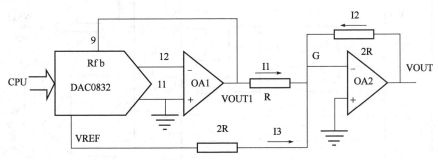

图 7-5 双极性电压输出连接图

$$VOUT = (B - 128) \times (VREF/128)$$

最高位符号 b_7 为符号位，其余位为数字位，VREF 可正可负。

3. DAC0832 的时序与工作方式

根据对 DAC 0832 的输入锁存器和 DAC 寄存器的不同控制方法，DAC 0832 有 3 种工作方式。操作 DAC0832 就是依据 DAC0832 的工作时序，通过 CPU 使 DAC0832 在一定的工作方式下进行 D/A 转换。

1) 操作时序

DAC0832 内部已有数据锁存器，在控制信号作用下，可以对总线上的数据直接进行锁存。在 CPU 执行输出指令时，WR1 和 CS 信号处于有效电平。其操作时序图如图 7-6 所示。

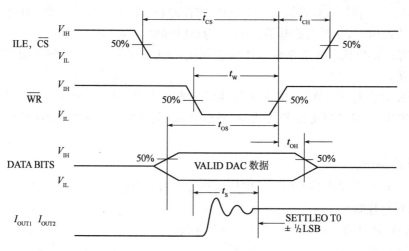

图 7-6　DAC0832 操作时序图

2) 工作方式

（1）直通方式。当/WR1，/WR2，/XFER，/CS 均接地，ILE 接高电平，DI0～DI7 上数据不通过缓冲存储器的缓存。直通 D/A 转换器。此方式常用于非微处理器控制的系统。

（2）单缓冲方式。DAC0832 输入寄存器和 DAC 寄存器只有一个处于直通方式，另一个受单片机控制。一般是/WR2，/XFER 接地，DAC 寄存器处于直通方式，输入寄存器受/WR1、/CS 信号控制，单缓冲接口如图 7-7 所示。

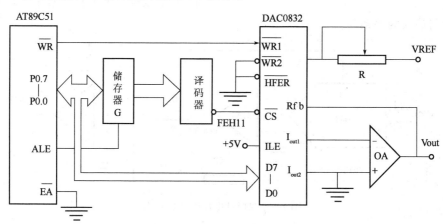

图 7-7　单缓冲方式接口图

3) 双缓冲方式

DAC0832 输入寄存器和 DAC 寄存器都为非直通方式，在多个 DAC 0832 同时输出的系统中。先分别使这些 DAC 0832 的输入寄存器接收数据，再控制这些 DAC 0832 同时传送数据到 DAC 寄存器，以实现多个 D/A 转换同步输出。

4. 案例：编程单缓冲方式输出方波

1) 编程要求

编写程序，实现 AT89C51 控制 DAC0832 输出方波信号。

2) 编程思路

采用三总线控制方式，从 P0 端口周期性输出 0XFF 和 0X00 到 DAC0832，采用单缓冲方式进行转换，即可输出方波，方波发生的子程序流程图如图 7-8 所示。

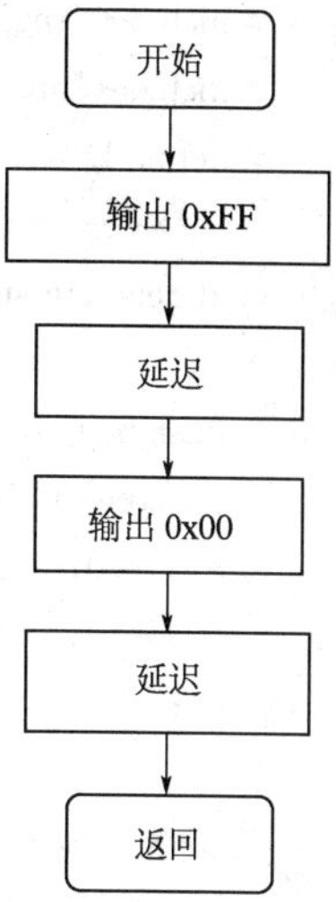

3) 编写程序

根据编程思路，参考程序如下：

```c
#include<reg51.h>
#include<absacc.h>
#define DAC0832 XBYTE[0x7fff]    // 定义 DAC0832 端口地址
/ ************** 延时函数 ************** /
void delay(unsigned int time)
{
unsigned char i;
unsigned int j;
for(j=0;j<time;j++)
for(i=0;i<120;i++)
    ;
}
/ ************** 方波发生函数 ************** /
void square(void)
{
  DAC0832=0x00;
  delay(100);
  DAC0832=0xff;
  delay(100);
}
/ ************ 主函数 ************* /
main(   )
{
  while(1)
  {
  square( );    //产生方波
  }
}
```

图 7-8 方波子程序流程图

5. 案例：编程单缓冲方式输出锯齿波

1) 编程要求

编写程序，实现 AT89C51 控制 DAC0832 输出锯齿波信号。

2) 编程思路

采用三总线控制方式，可以两种方式产生三角波：一种是从 P0 端口周期性输出，从 0x00 递增到 0xFF 的递增数据序列，在 DAC0832 进行转换，从而产生锯齿波信号；第二种方式，把递增数据序列和递减数据序列存入数组，一次从数组读出输出到 DAC0832 进行转换，从而产生锯齿波。采用第一种方式较为简单。

3) 编写程序

根据编程思路，锯齿波信号参考程序如下：

```c
#include<reg51.h>
#include<absacc.h>
#define DAC0832 XBYTE[0x7fff]    // 定义 DAC0832 端口地址
/ ************* 延时函数 ************** /
void delay(unsigned int time)
{
    unsigned char i;
    unsigned int j;
    for(j=0;j<time;j++)
    for(i=0;i<120;i++)
        ;
}
/ ************* 锯齿波发生函数 *************** /
void saw(void)
{
    unsigned char i;
    for(i=0;i<255;i++)
    {
        DAC0832=i;
    }
}
/ ************* 主函数 ************** /
main(   )
{
    while(1)
    {
    saw(   );    //产生锯齿波
    }
}
```

7.3.4　液晶 LCD1602 应用

液晶显示器以其微功耗、体积小、显示内容丰富、超薄轻巧的诸多优点，在袖珍式仪表和低功耗应用系统中得到越来越广泛的应用。

1. LCD1602 引脚功能

根据显示的容量可以分为 1 行 16 个字、2 行 16 个字、2 行 20 个字等等，LCD1602 液晶模块的容量为 2 行 16 个字。是一种用 5×7 点阵图形来显示字符的液晶显示器，其实物如图 7-9 所示。

1602 采用标准的 16 脚接口，其中：

第 1 脚：VSS 接电源负极。

第 2 脚：VDD 接 5V 正电源。

第 3 脚：V0 为液晶显示器对比度调整端，接电源时对比度最弱，接地时对比度最高，对比度过高时会产生 "鬼影"，使用时可以通过一个 10kΩ 的电位器调整对比度。

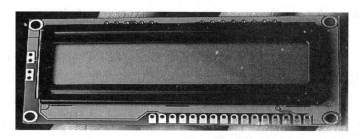

图 7-9　标准型 16×2 液晶显示字符模块实物图

第 4 脚：RS 为寄存器选择，高电平时选择数据寄存器、低电平时选择指令寄存器。

第 5 脚：RW 为读写信号线，高电平时进行读操作，低电平时进行写操作。当 RS 和 R 共同为低电平时，可以写入指令或者显示地址；当 RS 为低电平 RW 为高电平时，可以读忙信号；当 RS 为高电平、RW 为低电平时，可以写入数据。

第 6 脚：E 端为使能端，当 E 端由高电平跳变成低电平时，液晶模块执行命令。

第 7～14 脚：D0～D7 为 8 位双向数据线。

第 15～16 脚：空脚。

1602 液晶模块内部的字符发生存储器（CGROM），已经存储了 160 个不同的点阵字符图形，这些字符有：阿拉伯数字、英文字母的大小写、常用的符号和日文假名等，每一个字符都有一个固定的代码，比如大写的英文字母"A"的代码是 01000001B（41H）。

2. LCD1602 指令

1602 液晶模块内部的控制器共有 11 条控制指令，指令操作如表 7-1 所示。

表 7-1　1602 指令表

指令	RS	R/W	D7	D6	D5	D4	D3	D2	D1	D0
清显示	0	0	0	0	0	0	0	0	0	1
光标返回	0	0	0	0	0	0	0	0	1	*
置输入格式	0	0	0	0	0	0	0	1	I/D	S
显示开关控制	0	0	0	0	0	0	1	D	C	B
光标或字符移位	0	0	0	0	0	1	S/C	R/L	*	*
置功能	0	0	0	0	1	DL	N	F	*	*
置字符发生存储器地址	0	0	0	1	字符发生存储器地址（ACG）					
置数据发生存储器地址	0	0	1	显示数据存储器地址（ADD）						
读忙标志或地址	0	1	BF	计数地址（AC）						
写数到 RAM	1	0	待写的数据							
从 RAM 读数	1	1	读出的数据							

它的读写操作、屏幕和光标的操作，都是通过指令编程来实现的（说明：1 为高电平、0 为低电平）。

指令 1：清显示，指令码 01H，光标复位到地址 00H 位置。

指令 2：光标返位，光标返回到地址 00H。

指令 3：置输入格式。光标和显示模式设置，I/D：光标移动方向，高电平右移，低电平左移。S：屏幕上所有文字是否左移或者右移。高电平表示有效，低电平则无效。

指令 4：显示开关控制。D：控制整体显示的开与关，高电平表示开显示，低电平表示关显示。C：控制光标的开与关，高电平表示有光标，低电平表示无光标。B：控制光标是否闪烁，高电平闪烁，低电平不闪烁。

指令5：光标或字符移位。S/C：高电平时移动显示的文字，低电平时移动光标。

指令6：功能设置命令。DL：高电平时为4位总线，低电平时为8位总线。N：低电平时为单行显示，高电平时双行显示。F：低电平时显示5×7的点阵字符，高电平时显示5x10的点阵字符（有些模块是DL：高电平时为8位总线，低电平时为4位总线）。

指令7：字符发生器RAM地址设置。

指令8：DDRAM地址设置。

指令9：读忙信号和光标地址。BF：为忙标志位，高电平表示忙，此时模块不能接收命令或者数据，如果为低电平表示不忙。

指令10：写数据。

指令11：读数据。

液晶显示模块是一个慢显示器件，所以在执行每条指令之前，一定要确认模块的忙标志为低电平，表示不忙，否则此指令失效。要显示字符时要先输入显示字符地址，LCD1602的内部显示地址如图7-10所示。

	1	2	3	4	5	6	7	8	9	10	11	12	13	14	15	16
第一行	00	01	02	03	04	05	06	07	08	09	0A	0B	0C	0D	0E	0F
第二行	40	41	42	43	44	45	46	47	48	49	4A	4B	4C	4D	4E	4F

图7-10　LCD1602的内部显示地址

比如要使光标在第二行第一个字符位置显示，写入显示地址时要求最高位D7恒定为高电平1，第二行第一个字符位置的地址是40H，实际写入的数据应该是40H+80H= C0H。

3. LCD1602 时序

LCD1602的操作是根据指令、读写时序及时序参数表等进行的。

1）读操作

LCD1602读操作时序如图7-11所示，时序参数如表7-2所示。

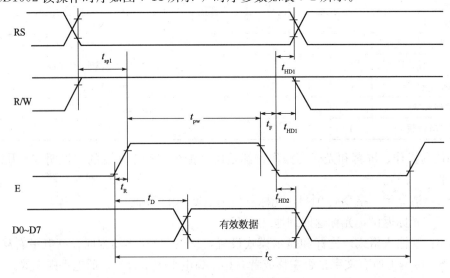

图7-11　读操作时序

表 7-2　时序参数表

时序参数	符号	极值		单位	引脚
		最小值	最大值		
E 信号周期	t_c	400	—	ns	E
E 脉冲宽度	t_{pw}	150	—	ns	
E 上升沿、下降沿时间	t_R/t_F	—	25	ns	
地址建立时间	t_{sp1}	30	—	ns	E RS R/W
地址保持时间	t_{HD1}	10	—	ns	
数据建立时间（读操作）	t_D	—	100	ns	D0～D7
数据保持时间（读操作）	t_{sp2}	20	—	ns	
数据建立时间（写操作）	t_{sp2}	40	—	ns	
数据保持时间（写操作）	t_{HD2}	10	—	ns	

根据读时序图和时序参数表，LCD1602 读基本操作应满足电平、宽度要求。

读状态：输入，RS=L、RW=H、E=H；输出，D0～D7=状态字。

读数据：输入，RS=H、RW=H、E=H；输出，D0～D7=数据。

例如，读 LCD1602 工作状态，代码如下：

```
/ *************** 函数声明,变量定义 *************** /
# include <reg51. h>
# include <intrins. h>
/ *************** 定义引脚 *************** /
# define    data_IO P1
sbit RS=P3^0；    //指令和数据寄存器
sbit RW=P3^1；    //读写控制
sbit E=P3^2；    //片选
sbit flag=P1^7；    //忙标志
void busy( )
{
   while(1)
    {
      data_IO=0xff；
      RS=0；    //RS=1 为数据,RS=0 为命令
      RW=1；    //RW=1 为读
      E=1；
      _nop_( )；    //库函数,用 # include <intrins. h>包涵
      if(! flag)break；
      E=0；
    }
}
```

2) 写操作

写操作时序如图 7-12 所示，时序参数表如表 7-2 所示。

LCD1602 写基本操作应满足电平及宽度要求：

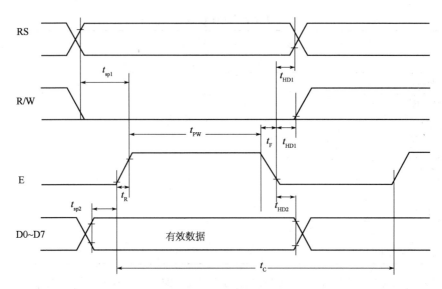

图 7-12　写操作时序图

写指令：输入，RS=L、RW=L、D0～D7=指令码、E=高脉冲。

写数据：输入，RS=H、RW=L、D0～D7=数据、E=高脉冲。

例如，写显示数据和控制字，代码如下（引脚定义和声明部分同上）：

```
/ *************** 写数据 *************** /
void w_dat(unsigned char dat)
{
 busy( );    //判忙
 data_IO=dat;
 RS=1;
 RW=0;
 E=1;
 _nop_( );
 E=0;
}
/ *************** 写指令 *************** /
void w_com(unsigned char cmd)
 {
 busy( );
 data_IO=cmd;
 RS=0;
 RW=0;
 E=1;
 E=0;
 }
```

3) 复位操作

LCD1602用软件进行复位操作，一般初始化过程操作如下：

①延迟15ms；

②写指令 38H　　//显示模式设置；

③延时 5ms；

④写指令 38H　　//显示模式设置；

⑤延时 5ms；

⑥写指令 38H　　//显示模式设置；

⑦检测忙信号；

⑧写指令 38H　　//显示模式设置；

⑨检测忙信号；

⑩写指令 08H　　//显示关闭；

⑪检测忙信号；

⑫写指令 01H//显示清屏；

⑬检测忙信号；

⑭写指令 06H　　//显示光标移动设置；

⑮检测忙信号；

⑯写指令 0CH　　//显示开及光标设置。

例如：

```
/ *************** LCD1602 初始化 *************** /
void LCD1602_reset(void)
{
    unsigned char i;
    RS=0;
    RW=0;
    E=0;
    for(i=0;i<5;i++)
     {
     w_cmd(0x38);
     delay(100);
     }
     w_cmd(0x08);
     w_cmd(0x01);
     w_cmd(0x06);
     w_cmd(0x0C);
}
```

本程序调用初始化函数和读写函数，实现在第二行第一列位置显示 A（声明、自定义同上）。

4. 案例：编程用 LCD1602 显示自己的信息

1) 编程要求

编写程序在液晶 LCD1602 上显示自己的班级、学号、姓名（字母）。

2) 编程思路

先复位液晶 LCD1602，设置显示模式与光标，打开显示，然后向液晶写入显示地址和显示内容，主程序参考流图如 7-13 所示。

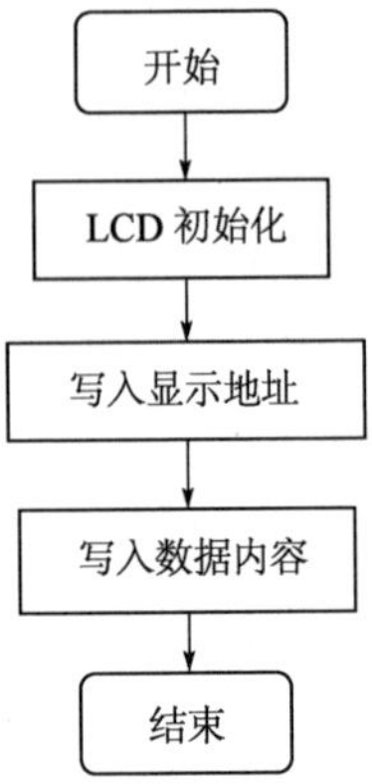

图 7-13 主程序
参考流程图

3) 设计程序

根据流程图设计程序，参考程序如下：

```c
#include<reg51.h>
sbit LCD_RS = P2^0;
sbit LCD_RW = P2^1;
sbit LCD_E  = P2^2;
#define LCD_DATA   P0    //LCD DATA
unsigned char LcdBuf1[]={" * * * * － * * － * * *  "}    // *表示自己的信息(字母)
/************ 延迟函数 ************/
void delay(unsigned int   time)
{
    while(time－－);
}
/*********** LCD 使能函数 ************/
void LCD_EN(void)
{
 LCD_E=1;
 delay(100);    //短暂延时,代替检测忙状态
 LCD_E=0;
}
/*********** 写命令函数 ************/
void   WriteCommandLcd(unsigned char command)
{
 LCD_RS=0;
 LCD_RW=0;
 LCD_DATA=command;
 LCD_EN( );
}
/*********** 设置显示位置函数 ************/
void   display_xy(unsigned char x,unsigned char y)
{
 if(y==1)
 x+=0x40;    //第 0 行,地址不+;第 1 行,地址+0x40;
 x+=0x80;
 WriteCommandLcd(x);
}
/*********** LCD1602 初始化 ************/
void   lcd_init(void)
{
 WriteCommandLcd(0x38);
 WriteCommandLcd(0x08);
 WriteCommandLcd(0x01);
```

```
  WriteCommandLcd(0x06);
  WriteCommandLcd(0x0c);
}
/ ************ 写1字节数据函数 *************** /
void  WriteDataLcd(unsigned char wdata)
{
 LCD_RS=1;
 LCD_RW=0;
 LCD_DATA=wdata;
 LCD_EN( );
}
/ ********** 写1字符串到 x 列、y 行位置函数 *********** /
void  display_string(unsigned char x,unsigned char y,unsigned char * s)
{
  display_xy(x,y);
  while( * s)
  {
  WriteDataLcd( * s);
  s++;
  }
}
/ ********** 主函数 ********** /
main(  )
{
  lcd_init( );
  display_string(3,0,LcdBuf1);    //在第1行4列位置显示 LCDBuf1 的内容
  while(1);   //待机
}
```

7. 4 项目实施

7.4.1 总体设计思路

基本功能部分的实现思路是：用 AT89C51 单片机作控制，DAC0832 作 D/A 转换器，单片机输出产生信号的数据，经 D/A 转换、放大、输出模拟信号。控制输入 DAC0832 输入数据的大小及组合关系，得到不同的波形；控制输出时间长短，得到信号周期和频率，信号发生器总体结构框图如图 7-14 所示。

7.4.2 设计信号发生器硬件电路

用 AT89C51 作控制、DAC0832 作数模转换、LCD1602 作显示。AT89C51 的 P2 口作显示数据输出端口；P3 口的 P3.0～P3.2 位作 LCD 的控制；P0 口作波形发生数据的输出端口；P1 口的 P1.0～P1.2 作独立按键接口；DAC0832 采用直通方式；用 LM358 作运算放大

器。参考电路图如图 7-15 所示。

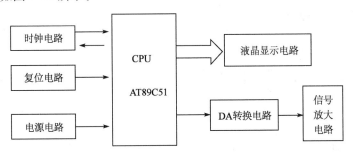

图 7-14　信号发生器总体结构框图

7.4.3　设计信号发生器程序

1) 程序设计思路

正弦波通过查表方式实现，方波通过输出数据求反方式实现，三角波通过输出数据递增、递减实现。

按键采用独立式键盘，采用程序查询方式，其中，SW1 作方波输出按键，SW2 作三角波输出按键，SW3 作正弦波输出按键，主程序参考流程图如图 7-16 所示。

2) 设计程序

根据设计思路与程序流程图，部分参考程序如下：

```
#include<reg51.h>
#include <absacc.h>
#define DAC0832 XBYTE[0xf0f0]
#define LCD_DATA    P2
sbit LCD_RS = P3^0;
sbit LCD_RW = P3^1;
sbit LCD_E  = P3^2;
unsigned char key_value;
unsigned char code table_sine[234]={ 131,134,138,141,145,148,151,155,158,161,165,168,171,174,
177,181,184,187,190,193,196,199,201,204,207,209,212,215,217,219,222,224,226,228,230,232,234,
236,238,240,241,243,244,245,247,248,249,250,251,252,252,253,254,254,254,255,255,255,255,
255,254,254,254,253,252,252,251,250,249,248,247,245,244,243,241,240,238,236,234,232,230,228,
226,224,222,219,217,215,212,209,207,204,201,199,196,193,190,187,184,181,177,174,171,168,165,
161,158,155,151,148,145,141,138,134,131,128,124,121,117,114,110,107,104,100,97,94,90,87,84,
81,78,74,71,68,65,62,59,56,54,51,48,46,43,40,38,36,33,31,29,27,25,23,21,19,17,15,14,12,11,10,
8,7,6,5,4,3,3,2,1,1,1,0,0,0,0,0,0,1,1,1,2,3,3,4,5,6,7,8,10,11,12,14,15,17,19,21,23,25,27,29,
31,33,36,38,40,43,46,48,51,54,56,59,62,65,68,71,74,78,81,84,87,90,94,97,100,104,107,110,114,
117,121,124,128 };
    unsigned char LcdBuf1[]={"  Signal Source  "};
    unsigned char LcdBuf2[]={"  S_Type:square "};
    unsigned char LcdBuf3[]={"  S_Type:sawtooth "};
    unsigned char LcdBuf4[]={"   S_Type:sine" };
    /***********************
```

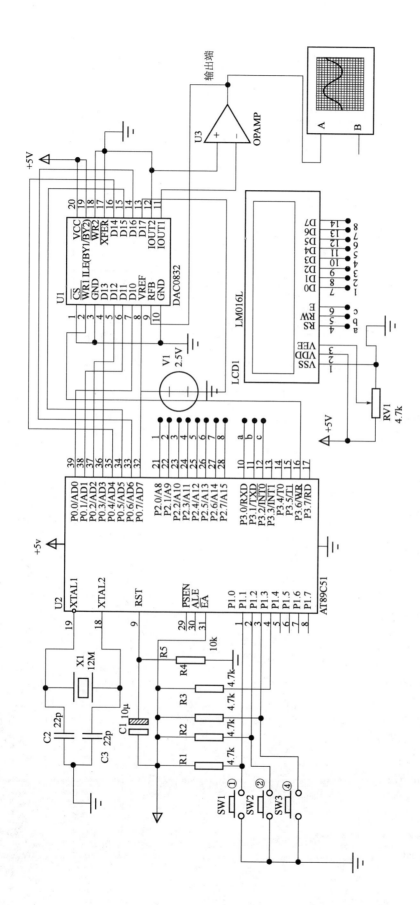

图7-15 信号发生器电路图

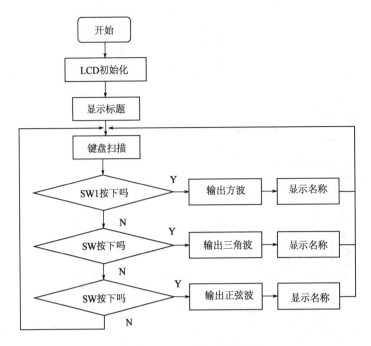

图 7-16 主程序参考流程图

函数名称:三角波函数
函数功能:输出三角波
入口参数:无
出口参数:无
************************** /
void sawtooth(void)
  {
    unsigned char i;
    for(i=0;i<255;i++)
    {
      DAC0832=i;
    }
      for(i=255;i>0;i--)
      {
        DAC0832=i;
      }
  }
/ **************************
函数名称:方波函数
函数功能:输出方波
入口参数:无
出口参数:无
************************** /
void square(void)
  {

```
    DAC0832＝0xff;
    delay(5);
    DAC0832＝0x00；
    delay(5)；
}
/ ＊＊＊＊＊＊＊＊＊＊＊＊＊＊＊＊＊＊＊＊＊＊＊＊
```
函数名称:正弦波函数

函数功能:输出正弦波

入口参数:无

出口参数:无
```
    ＊＊＊＊＊＊＊＊＊＊＊＊＊＊＊＊＊＊＊＊＊＊＊＊ /
void sine(void)
{
    unsigned char i;
    for(i＝0;i＜234;i＋＋)
      {
        DAC0832＝table_sine[i];
        delay(1)；
      }
}


/ ＊＊＊＊＊＊＊＊＊＊＊＊＊＊＊＊＊＊＊＊＊＊＊＊
```
函数名称:按键 1 功能函数

函数功能:控制输出与显示方波

入口参数:无

出口参数:无
```
    ＊＊＊＊＊＊＊＊＊＊＊＊＊＊＊＊＊＊＊＊＊＊＊＊ /
void key1(void)
 {
 display_string(0,1,LcdBuf2);
 while(P1＝＝0xff)
    {
    square( );
    }
}
/ ＊＊＊＊＊＊＊＊＊＊＊＊＊＊＊＊＊＊＊＊＊＊＊＊
```
函数名称:按键 2 功能函数

函数功能:控制输出与显示三角波

入口参数:无

出口参数:无
```
    ＊＊＊＊＊＊＊＊＊＊＊＊＊＊＊＊＊＊＊＊＊＊＊＊ /
void key2(void)
 {
display_string(0,1,LcdBuf3);
```

```
while(P1==0xff)
 {
   sawtooth( );
    }
}
/ *************************
函数名称:按键 3 功能函数
函数功能:控制输出与显示正弦波
入口参数:无
出口参数:无
 ************************* /
void key3(void)
 {
    display_string(0,1,LcdBuf4);
    while(P1==0xff)
    {
      sine( );
      }
      }
```

7.4.4 仿真调试信号发生器

(1) 利用 Keil μVisison2 的调试功能，根据错误提示，双击"提示"找到错误代码，排除各种语法错误。

(2) 通过对端口、入口参数赋值，查询存储空间或、端口、变量数据，调试函数和主程序。

(3) 编译成 hex 文件。

(4) 按照硬件电路，用 Proteus 设计仿真模型图如图 7-17 所示，然后进行仿真调试。

7.4.5 调试信号发生器

(1) 仿真调试成功后，按硬件电路把元件焊接安装在实验板上，并进行静态和动态检测。

(2) 烧录 hex 文件，运行程序，如不能运行，则先排除各种故障（供电、复位、时钟、内外存储空间选择、软硬件端口应用等）。

(3) 用示波器测试输出波形，读出波形参数，分析测试是否达到性能指标。

(4) 如没有达到性能指标，则调整电路或元件参数、优化程序，重新调试、编译、下载、运行程序，测试性能指标。

7.5 拓展训练

(1) 完善信号发生器功能，使信号发生器幅度、频率可调。

(2) 自定性能指标，用 DAC0832 设计制作程控放大器。

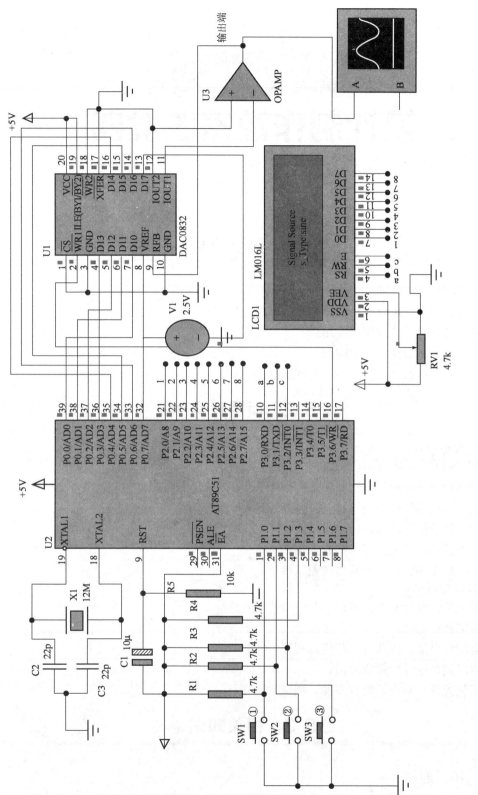

图7-17 信号发生器仿真模型图

项目 8

设计制作数据收发器

8.1　学习目标

①了解串行通信标准；

②掌握 MCS-51 系列单片机异步串行通信应用；

③了解简单的通信协议与应用；

④巩固液晶显示接口技术应用；

⑤培养单片机通行产品的仿真与调试技能。

8.2　项目任务

1) 项目要求

①用 Keil C51、Proteus 等软件作开发工具；

②用 AT89C51 单片机作控制，采用串行通信方式传送数据；

③用 LCD 作显示，显示数据传送的状态；

④编制简单的通信协议；

⑤实现按协议发送数据与接收数据；

⑥发挥扩充功能：如判断传送差错等。

2) 设计制作任务

①拟定总体设计制作方案；

②拟定硬件电路；

③编制程序流程图及设计相应源程序；

④仿真调试远程数据收发器；

⑤安装元件，制作数据收发器，调试功能指标。

8.3　相关知识

8.3.1　串行通信

1. 串行通信简介

在计算机系统中，CPU 和外部通信有两种通信方式：并行通信和串行通信。如图 8-1

所示，并行通信数据的各位同时传送，传送速度快，但传送距离短。

如图 8-2 所示，串行通信数据和控制信息一位一位按顺序串行传送。特点是速度较慢，传送距离比并口通行远。按照串行数据的时钟控制方式，可分为同步通信和异步通信两类。

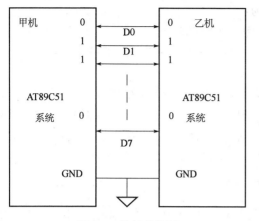
图 8-1 并行通信图

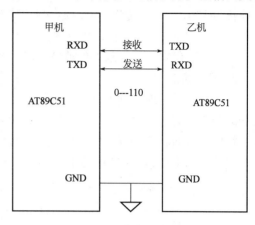
图 8-2 串行通信图

1) 异步通信

异步通信数据帧格式。异步通信以帧（又叫字符帧）的形式传送数据，帧格式是接收端判断发送端开始发送与结束发送的依据。由起始位、数据位、奇偶校验位和停止位等四部分组成，其格式如图 8-3 所示。

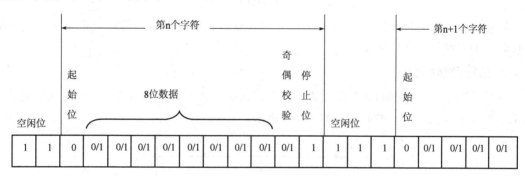
图 8-3 异步通信数据帧格式

（1）起始位：位于帧开头，只占一位，为逻辑 0 低电平，用于向接收设备表示发送端开始发送一帧信息。

（2）数据位：紧跟起始位之后，用户根据情况可取 5 位、6 位、7 位或 8 位，低位在前，高位在后。

（3）奇偶校验位：位于数据位之后，仅占一位，用来表征串行通信中采用奇校验，还是偶校验，由用户决定。

（4）停止位：位于字符帧最后，为逻辑 1 高电平。通常可取 1 位、1.5 位或 2 位，用于向接收端表示一帧字符信息已经发送完，也为发送下一帧作准备。

（5）空闲位：在串行通信时，两相邻字符帧之间可以没有空闲位，也可以有多个，这由用户来决定。异步通信时，数据由发送端一帧一帧地发送，每一帧数据是低位在前，高位在后，通过传输线一帧一帧的传送到接收端。发送端和接收端可以由各自独立的时钟来控制数据的发送和接收，这两个时钟彼此独立，互不同步，但是双方的帧格式必须一致。

（6）波特率：波特率为每秒传送二进制数码的位数，也叫比特数，单位为 bit/s，即位/秒。波特率用于表征数据传输的速度，波特率越高，数据传输速度越快。但波特率和字符的实际传输速率不同，字符的实际传输速率是每秒内所传帧的帧数，与字符帧的格式有关。假如帧长为 10 位，每秒传送 1000 帧，则波特率为：

$$10 \text{ 位/帧} \times 1000 \text{ 帧/秒} = 10000\text{bit/s}$$

在异步通信中，通信双方的波特率必须相同，通常的波特率为 50～9600bit/s。

2）同步通信

同步通信是一种连续串行传送数据的通信方式，在数据开始传送前，用同步字符来指示数据的开始（通常约为 1～2 个），并由时钟来实现发送端和接收端同步，即检测到规定的同步字符后，后面就连续按顺序传送数据，直到数据传送结束。同步传送时，字符与字符之间没有间隙，也不用起始位和停止位，同步传送格式如图 8-4 所示。

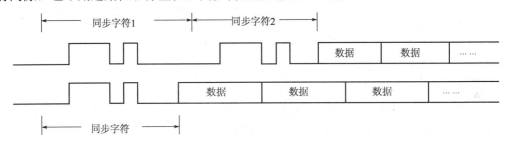

图 8-4　同步传送的数据格式

同步通信的数据传输速率较高，通常可达 56000bit/s 或更高，其缺点是要求发送时钟和接收时钟必须保持严格同步。

2. 串行通信的制式

在串行通信中，数据是在两个站之间进行传送的，按照数据传送方向，串行通信可分为单工、半双工和全双工三种制式，如图 8-5 所示。

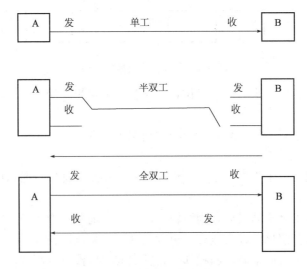

图 8-5　串行通信制式

在单工制式下，通信线的一端接发送器，另一端接接收器，数据只能按照一个固定的方向传送。

在半双工制式下，系统的每个通信设备都由一个发送器和一个接收器组成。在这种制式下，数据能从 A 传送到 B，也可以由 B 传送到 A，但是不能同时在两个方向上传送，只能一端发送，另一端接收。

全双工通信系统的每端都有发送器和接收器，可以同时发送和接收，即数据可以在两个方向上同时传送。

一般情况下常用半双工制式，简单、实用。

3. 串行通信的接口电路

串行接口电路的种类和型号很多，能够完成异步通信的硬件电路称为 UART，即通用异步接收器/发送器；能够完成同步通信的硬件电路称为 USRT；既能够完成异步，又能同步通信的硬件电路称为 USART。

8.3.2 串行通信总线标准及其接口

在单片机应用系统中，数据通信主要采用异步串行通信。在设计通信接口时，必须根据通信速度和通信距离、抗干扰能力需要，选择标准接口，并考虑传输介质、电平转换等问题。

异步串行通信接口标准主要有：RS-232 接口，RS-449、RS-422 和 RS-485 接口等。

1. RS-232C 接口

RS-232C 是使用最早、应用最多的一种异步串行通信总线标准。它是美国电子工业协会（EIA）公布、修订而成的，主要用于定义远程通信连接数据终端设备（DTE）和数据通信设备（DCE）之间的电气性能。

RS-232C 串行接口总线适用于设备之间的通信距离不大于 15m，传输速率最大为 20kbit/s。

1) RS-232C 信息格式标准

RS-232C 采用异步串行通信格式，如图 8-6 所示。该标准规定：信息的开始为起始位，信息的结束为停止位，信息本身可以是 5 位、6 位、7 位、8 位，再加一位奇偶校验位。如果两个信息之间无信息，则写"1"，表示空。

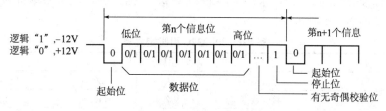

图 8-6　RS-232C 通信格式

2) RS-232C 电平转换器

RS-232C 规定了自己的电气标准，它的电平不是＋5V 和地，是采用负逻辑，即：

逻辑"0"：＋3V～＋25V。

逻辑"1"：－3V～－25V。

因此，RS-232C 不能和 TTL 电平直接相连，使用时必须进行电平转换，否则将使 TTL 电路烧坏，常用的电平转换集成电路是 MAX232。MAX232 的引脚如图 8-7 所示，接口电路如图 8-8 所示。

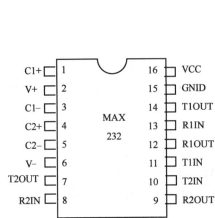

图 8-7　MAX232 引脚分布图　　　　图 8-8　MAX232 接口电路图

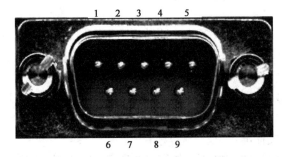

图 8-9　RS-232 九针连接头

3) RS-232C 总线规定

RS-232C 标准总线为 25 根，采用标准的 D 型 25 芯插头座，但常用 9 针接头，如图 8-9 所示。引脚定义如表 8-1 所示

表 8-1　RS-232C 引脚定义表

引脚	符号	定义	引脚	符号	定义
1	CD	载波检测	6	DSR	通信设备准备好
2	RXD	接收数据	7	.RTS	请求发送
3	TXD	发送数据	8	CTS	允许发送
4	DTR	数据终端准备好	9	.RI	响铃指示器
5	GN D	信号地			

在最简单的全双工系统中，仅用发送数据、接收数据和信号地三根线即可，对于 MCS-51 单片机，利用其 RXD（串行数据接收端）线、TXD（串行数据发送端）线和一根地线，就可以构成符合 RS-232C 接口标准的全双工通信口。

2. RS-449、RS-422A、RS-423A 标准接口

由于 RS-232C 数据传输速率慢、传输距离短、未规定标准的连接器、接口处各信号间

易产生串扰，EIA 制定了新的标准 RS-449，该标准与 RS-232C 兼容，在提高传输速率、增加传输距离、改善电气性能方面有了很大改进。

1) RS-449 标准接口

RS-449 是 1977 年公布的标准接口，可以代替 RS-232C 使用，两者的主要差别在于信号在导线上的传输方法不同。RS-232C 是利用传输信号与公共地的电压差，RS-449 是利用信号导线之间的信号电压差。RS-449 有 37 脚和 9 脚两种接口标准连接器。

RS-449 可以不使用调制解调器，它比 RS-232C 传输速率高，通信距离长，且由于 RS-449 系统用平衡信号差传输高速信号，噪声低，可以多点通信或使用公共线通信。

2) RS-422A、 RS-423A 标准接口

RS-422A 文本给出了 RS-449 中对于通信电缆、驱动器和接收器的要求，规定双端电气接口形式，其标准是双端线传送信号。它具体通过传输线驱动器，将逻辑电平变换成电位差，完成发送端的信息传递；通过传输线接收器，把电位差变换成逻辑电平，完成接收端的信息接收。RS-422A 比 RS-232C 传输距离长、速度快，传输速率最大可达 10Mbit/s，这时，传输电缆的允许长度为 12m，如果采用低速率传输，最大距离可达 1200m。

RS-422A 和 TTL 进行电平转换最常用的芯片是传输线驱动器 SN75174 和传输线接收器 SN75175，这两种芯片的设计都符合 EIA 标准 RS-422A，采用＋5V 电源供电。接口电路如图 8-10 所示，发送器 75174 将 TTL 电平转换为标准的 RS-422A 电平；接收器 75175 将 RS-422A 接口信号转换为 TTL 电平。

RS-423A 和 RS-422A 文本一样，也给出了 RS-449 中对于通信电缆、驱动器和接收器的要求，给出了不平衡信号差的规定。RS-423A 也需要进行电平转换，常用的驱动器和接收器为 3691 和 26L32。其接口电路如图 8-11 所示。

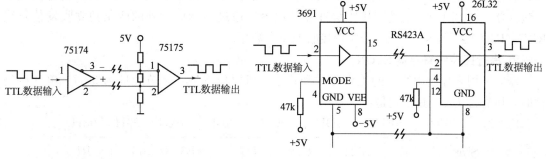

图 8-10　RS-422A 接口电平转换电路图　　　　图 8-11　RS-423A 接口电路图

8.3.3　MCS-51 的串行口

MCS-51 内部有一个可编程全双工串行通信接口，它具有 UART 的全部功能，波特率可变，可由软件设置，除进行异步串行数据的接收和发送外，还可做同步移位寄存器使用。

1. MCS-51 串行口结构

MCS-51 系列单片机的串行口结构如图 8-12 所示，主要由两个独立的接收、发送缓冲器（SBUF）、发送控制器、发送端口、接收控制器、接收端口等组成。接收、发送缓冲器（SBUF）属特殊功能寄存器。发送缓冲器只能写入，不能读出；接收缓冲器只能读出，不能写入，二者共用一个地址（99H）。

发送数据时，由写发送缓冲器的语句（SBUF＝data）把数据写入串行口的发送缓冲器

SBUF 中，然后从 TXD 端一位一位地向外部发送。接收数据时，由读接收缓冲器数据语句（data= SBUF），从接收缓冲器 SBUF 中读出数据。

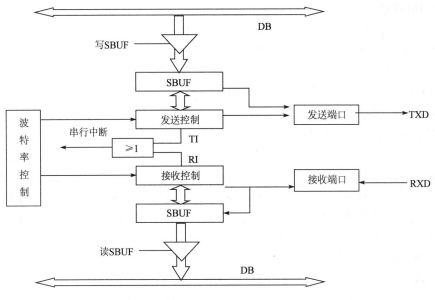

图 8-12　串行口结构示意图

1) 串行口数据缓冲器 SBUF

SBUF 是两个独立的接收、发送寄存器，一个用于存放接收到的数据，另一个用于存放要发送的数据，可同时发送和接收数据。两个缓冲器共用一个地址 99H，通过对 SBUF 的读、写指令，来区分对接收缓冲器、发送缓冲器的操作。CPU 在写 SBUF 时，就是修改发送缓冲器；读 SBUF，就是读接收缓冲器的内容。通过串行口对外的两条独立收发信号线 RXD（P3.0）、TXD（3.1），来实现接收或发送数据。

2) 串行口控制寄存器 SCON

SCON 用来控制串行口的工作方式和状态，可以位寻址，字节地址为 98H。单片机复位时，所有位为 0。其格式是：

SCON　　9FH　　9EH　　9DH　　9CH　　9BH　　9AH　　99H　　98H

| SM0 | SM1 | SM2 | REN | TB8 | RB8 | TI | RI |

SM0、SM1：串行方式选择位，选择关系如表 8-2 所示。

表 8-2　串行方式选择

SM0　SM1	工作方式	功能	波特率
0　　0	方式 0	8 位同步移位寄存器	$f_{osc}/12$
0　　1	方式 1	10 位 UART	可变
1　　0	方式 2	11 位 UART	$f_{osc}/64$ 或 $f_{osc}/32$
1　　1	方式 3	11 位 UART	可变

SM2：多机通信控制位，用于方式 2 和方式 3 中。在方式 2 和方式 3 处于接收时，若 SM2=1，接收到的第 9 位数据 RB8 为 0 时，不置位 RI（RI=0）；当 SM2=1，且 RB8=1 时，才置位（RI=1）。SM2=1 用于多机通信中，只接收地址帧，不接收数据帧。在方式 2、

3 处于接收或发送方式，当 SM2＝0，只要收到一帧信息（地址或数据），不论接收到第 9 位 RB8 为 0 还是为 1，RI 都被置位。在方式 1 处于接收时，若 SM2＝1，则只有收到有效的停止位后，RI 置 1。在方式 0 中，SM2 必须为 0。双机通信时，通常使 SM＝0。

REN：允许接收位。由软件置位或清零。REN＝1 时，允许接收；REN＝0 时，禁止接收。

TB8：在方式 2 和方式 3 中，发送的第 9 位数据。由软件置位设定，用作奇偶校验位。在多机通信中，可作为区别地址帧与数据帧的标识位，一般约定：地址帧时 TB8 为 1，数据帧时 TB8 为 0。

RB8：在方式 2 和方式 3 中，接收的第 9 位数据。方式 1 中，如果 SM＝0，则 RB8 为收到的停止位。方式 0 不使用 RB8。

TI：发送中断标志位。TI 是发送完一帧数据的标志。在方式 0 中，发送完 8 位数据后，由硬件置位；在其他方式中，在发送停止位时由硬件置位。可以查询 TI 来了解是否发送结束。TI＝1 时，也可向 CPU 申请中断，响应中断后都必须由软件清除 TI。

RI：接收中断标志位。在方式 0 中，接收完 8 位数据后，由硬件置位；在其他方式中，在接收停止位时，由硬件置位。可以通过查询 RI 来了解是否接收完一帧数据。RI＝1 时，也可申请中断，响应中断后都必须由软件清除 RI。

3）电源与波特率选择寄存器 PCON

PCON 主要是为 CHMOS 型单片机的电源控制而设置的专用寄存器，不可以位寻址，地址为 87H。PCON 除了最高位以外，其他位都是虚设的，其格式是：

SMOD：	×	×	×	GF1	GF0	PD	IDL

SMOD 为波特率选择位。在方式 1、方式 2 和方式 3 时，串行通信的波特率与 SMOD 有关。当 SMOD＝1 时，通信波特率增大一倍；当 SMOD＝0 时，波特率不变。

2. MCS-51 串行的工作方式

MCS-51 的串行口有 4 种工作方式：方式 0、方式 1、方式 2、方式 3，通过对 SCON 寄存器中的 SM1、SM0 位来设定工作方式。.

1）方式 0

在方式 0 下，串行口作同步移位寄存器用，其波特率固定为 $f_{osc}/12$。串行数据从 RXD（P3.0）端输入或输出，同步移位脉冲由 TXD（P3.1）送出。这种方式常用于扩展 I/O 口。

可通过对 SCON 赋值设定通信方式。例如：

SCON＝0；   //设置串行通信方式 0

（1）发送。当一个数据写入串行口发送缓冲器 SBUF 时，串行口将 8 位数据以 $f_{osc}/12$ 的波特率，从 RXD 引脚输出（低位在前），发送完则置中断标志 TI 为 1，请求中断。在再次发送数据之前，必须由软件清 TI 为 0。

例如，用 CD4094 串入并出移位寄存器。SDI 为数据输入端，CLK 为移位时钟脉冲输入端，单片机 AT89C51 的 P1.0 控制并行选通端 STB，连接图如图 8-13 所示。

假设发送一数组 buf［8］中 8 个元素，经 CD4094 串并转换输出，代码如下：

```
/**************** 初始化 ****************/
P1~0＝0；   //关闭 CD4094 的并行选通
SCON＝0；   //设置串行通信方式 0
```

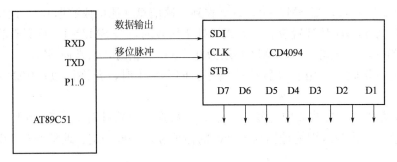

图 8-13   方式 0 扩展 I/O 口输出图

```
    EA=0;    //关中断
/************* 发送数据 ************* /
main(  )
  {
  unsigned char i;
  unsigned char buf[8]={  };
  while(1)    // 反复循环
  {
    for(i=0;i<8;i++)
    {
    TI = 0;    // 清发送中断标志
    P1_0 = 0;    // 关闭并口输出
    SBUF = buf[i];    // 写数据至串口
    while(! TI);    // 等待发送完毕
    P1_0 = 1;    // 打开并口输出
    delay10ms(N);    // 延时 10ms,N 为实参
    }
    P1_0 = 0;    // 关闭并口输出
    delay10ms(M);    // 延时 1s,M 为实参
  }
}
```

（2）接收。在满足 REN＝1 和 RI＝0 的条件下，串行口即开始从 RXD 端，以 $f_{osc}/12$ 的波特率输入数据（低位在前），当接收完 8 位数据后，置中断标志 RI 为 1，请求中断。在再次接收数据之前，必须由软件清 RI 为 0。

例如，用 74LS165 并入串出移位寄存器，QH 为串行输出端，P/（/S）为控制端，P/（/S）＝0 串行输出；P/（/S）＝1，并行输入。CLK 为移位时钟脉冲输入端，单片机 AT89C51 的 P1.0 控制 P/（/S），连接图如图 8-14 所示。

假设通过查询 RI 方式，把并入串出的数据读入变量 RxByte，代码如下：

```
main(  )
{
  unsigned char RxByte;
  SCON=0;    //设置工作方式 0
  EA=0;    //关中断
```

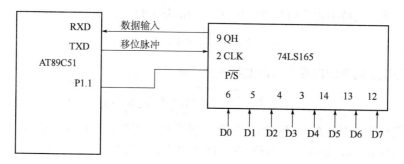

图 8-14　方式 0 用于扩展 I/O 口输入图

```
ES=0；
P1.1=1；    //允许并行输入
P1.1=0；    //允许串行输出
while(1)
{
  if(RI==1)
  {
    RI=0；    //清接收标志
    RxByte=BUSF；    //从 SBUF 中读数据到变量
    berak；
  }
}
}
```

串行控制寄存器 SCON 中的 TB8 和 RB8 在方式 0 中未用。每当发送或接收完 8 位数据后，硬件会自动置 TI 或 RI 为 1，CPU 响应 TI 或 RI 中断后，必须由用户用软件清 0。方式 0 时，SM2 必须为 0。

2) 方式 1

在方式 1 时，串行口为波特率可调的 10 位异步串行接口（UART），发送或接收一帧信息，包括 1 位起始位，8 位数据位和 1 位停止位，无校验位。其帧格式如图 8-15 所示。RXD 为数据接收端，TXD 为数据发送端，波特率取决于定时器 T1 的溢出率和 PCON 中的 SMOD 位。

T1 的溢出率指单位时间内定时器 T1 的溢出次数。T1 的溢出率取决于单片机定时器 T1 的计数速率和定时器的预置值。当定时器 T1 做波特率发生器使用时，通常是工作在方式 2，即自动重装载的 8 位定时器，此时 TL1 作计数用，自动重装载的值在 TH1 内。设计数

图 8-15　10 位的帧格式图

的预置值（初始值）为 X，那么每过 $256-X$ 个机器周期，定时器溢出一次。为了避免溢出而产生不必要的中断，此时应禁止 T1 中断，则定时器的溢出周期为：

$$溢出周期 \ T=\frac{12}{f_{osc}}(256-X)$$

在方式 1 下，波特率由定时器 T1 的溢出率和 SMOD 共同决定。即：

$$波特率=\frac{2^{SMOD}}{32}\times T1 溢出率$$

溢出率为溢出周期的倒数，所以波特率公式如下：

$$波特率=\frac{2^{SMOD}}{32}\times\frac{f_{osc}}{12\,(256-X)}.$$

通信方式与波特率可在程序初始化时由编程设定。例如，采用 11.059MHz 的晶振，通信波特率为 9600bit/s，波特率选择位 SMOD 置"1"，代码如下：

```
EA=0；      //关闭所有中断
TMOD=0x20；   //设置 T1 工作方式。
TL1=250；    //装初值。
TH1=250；
TR1=1；    //启动计时。
PCON=0x80；   //SMOD=1
SCON=0x50；   //方式 1,波特率 9600,允许接收
```

（1）发送。发送时，数据写入发送缓冲器 SBUF 后，启动发送器发送，数据从 TXD 输出。当发送完一帧数据后，自动置中断标志 TI 为"1"。

例如，采用查询方式发送数据，直至检测到"\0"结束标志才结束发送。发送代码段如下：

```
/***************** 发送字符串,参数 str 为待发送字符串 **************/
void put_string(unsigned char * str)
{
    do
    {
     SBUF = * str；
     while(! TI)；    // 等待数据发送完成
     TI = 0；   // 清发送标志位
     str++；   // 发送下一数据
    }
    while( * (str-1)== '\0')；    // 发送至字符串结尾则停止
}
```

（2）接收。接收时，由 REN 置"1"，允许接收，串行口采样 RXD，当采样 1 到 0 的跳变时，确认是起始位"0"，就开始接收一帧数据。当 RI=0 且停止位为 1 或 SM2=0 时，停止位进入 RB8 位，同时置中断标志 RI，否则信息将丢失。方式 1 接收时，应先用软件清除 RI 或 SM2 标志。

例如，采用查询方式接收数据，直至检测到"\0"结束标志才结束接收。接收代码段如下：

```
/* 接收字符串,参数 str 指向保存接收字符串的缓冲区 */
#define __MAX_LEN_ 16    //定义数据最大长度
void get_string(unsigned char * str)
{
    unsigned int count = 0；
```

```
    * str = 0；   // 清缓冲区
    do
    {
    while(! RI)；   // 等待数据接收
    * str = SBUF；   // 保存接收到的数据
    RI = 0；   // 清接收标志位
    str++；   // 准备接收下一数据
    count++；
    if(count > __MAX_LEN_)   //如果接收数据超出缓冲区范围,则只接收部分字符
        {
        * (str−1)= 0；
        break；
        }
}
while( * (str−1)== '\0')；   // 接收至字符串结尾则停止
}
```

3) 方式 2

在方式 2 下，串行口为 11 位 UART，传送波特率与 SMOD 有关。发送或接收一帧数据包括 1 位起始位 0，8 位数据位，1 位可编程位（用于奇偶校验）和 1 位停止位 1。其帧格式如图 8-16 所示。

波特率取决于 PCON 中的 SMOD 值，当 SMOD=0 时，波特率为 $f_{osc}/64$；当 SMOD=1 时，波特率为 $f_{osc}/32$。即：

$$波特率=\frac{2^{SMOD}}{64}\times f_{osc}$$

通信方式与波特率可在程序初始化时由编程设定。

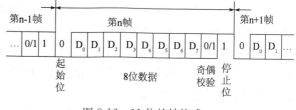

图 8-16 11 位的帧格式

例如，设系统为 11.0592M 时钟，串行通信工作于方式 2，波特率为 2400bit/s，定时器初值 X 为 232 (E8H)，系统采用中断方式接收与发送，初始化代码段如下：

```
/ ************** 系统初始化 ************** /
TMOD = 0x20；  //定时器 T1 使用工作方式 2
TH1 = 232；  // 设置初值
TL1 = 232；
TR1 = 1；  // 开始计时
PCON = 0x80；  // SMOD = 1
SCON = 0x90；  //工作方式 2,允许接收
ES = 1；  // 开串口中断
EA = 1；  // 允许中断
TI = 0；
```

（1）发送。发送时，先根据通信协议由软件设置 TB8，然后用指令将要发送的数据写入 SBUF，启动发送。写 SBUF 的指令，除了将 8 位数据送入 SBUF 外，同时还将 TB8 装入发送移位寄存器的第 9 位，一帧信息从 TXD 发出，在送完一帧信息后，TI 被自动置 1，

在发送下一帧信息之前，TI 必须由中断服务程序或查询程序清 0。

例如，采用中断发送方式发送缓冲区的 16 字节的数据，代码段如下：

```
＃define __MAX_LEN_ 16；    //定义数据最大长度
unsigned char send_buf[__MAX_LEN_]；    //设置发送缓冲区
unsigned int count_s；    //发送计数
SBUF = send_buf[0]；    // 发送第一个数据
count_s++；
/ * 串口中断处理函数 * /
void serial_int( )interrupt 4 using 2    // 串口中断,使用工作组 2
{
    if(TI == 1)    // 发送中断
    {
      TI = 0；    // 清发送标志位
        if(count_s < __MAX_LEN_)    // 数据未发送完毕
      {
          SBUF = send_buf[count_s]；    // 发送数据
          count_s++；    // 发送计数增 1
      }
    }
}
```

（2）接收。当 REN＝1 时，允许串行口接收数据。数据由 RXD 端输入，接收 11 位的信息。当接收器采样到 RXD 端的负跳变，并判断起始位有效后，开始接收一帧信息。当接收器接收到第 9 位数据后，若同时满足以下两个条件：RI＝0；SM2＝0 或接收到的第 9 位数据为 1，则接收数据有效，8 位数据送入 SBUF，第 9 位送入 RB8，并置 RI＝1。若不满足上述两个条件，则信息丢失。

例如，采用中断接收的方式，代码段如下：

```
＃define __MAX_LEN_ 16；    //定义数据最大长度
unsigned char recv_buf[__MAX_LEN_]；    //设置接收缓冲区
unsigned int count_r    //接收计数
/ * 串口中断处理函数 * /
void serial_int( )interrupt 4 using 2    // 串口中断,使用工作组 2
{
    if(RI == 1)    // 接收中断
      {
        if(count_r > __MAX_LEN_)    // 接收缓冲区已满,忽略已接收数据
          {
            RI = 0；
            return；
          }
        recv_buf[count_r] = SBUF；    // 接收数据
        count_r++；    // 接收计数增 1
        RI = 0；    // 清接收标志位
```

```
        }
    }
```

4) 方式3

方式3为波特率可变的11位UART通信方式，除了波特率与方式1一样，由定时器T1的溢出率和SMOD共同决定外，方式3和方式2完全相同。

8.3.4　MCS-51单片机之间通信

1. 数据的发送与接收方式

单片机串行通信时，发送、接收双方单片机的串行口均按同一通信方式。通常采用查询方式和中断方式两种方法发送和接收数据。

1) 查询方式发送、接收数据

查询方式一般用于发送。先初始化串口，再用查询RI和TI标志的方式来接收和发送数据。程序大致分为三个部分：初始化部分、发送数据部分、接收数据部分。

（1）初始化部分。初始化部分应完成如下的工作：

①关闭所有中断；

②设置串行口工作模式；

③设置串行口为允许接收状态；

④设置串行口通信波特率；

⑤其他数据初始化。

（2）发送数据部分。程序每发送一个字节的过程如下：

①将数据传送至SBUF；

②检测TI位，如果数据传送完毕，则TI被置"1"；如果TI＝0，则继续等待；

③TI＝1，表示发送数据完成，此时需要将TI软件清零，然后继续发送下一个字符。

（3）接收数据部分。在程序中每接收一个字节的过程如下：

①检测RI位，如果收到数据，则RI被置"1"；如果RI＝0，则继续等待；

②RI＝1，表示收到数据，此时将SBUF中数据读出；

③需要将RI软件清零，准备接收下一个字符。

2) 中断方式发送、接收数据

当第一个字节数据发送（接收）完毕，TI（RI）被自动置1，从而触发中断，进入中断处理程序，由中断处理程序完成未发送（接收）的数据。这种方式称中断发送（接收）方式。中断方式一般用于接收数据。中断发送（接收）方式的程序一般分两部分：程序初始化部分和中断程序部分。

（1）始化部分。中断方式发送、接收程序初始化部分应完成如下工作：

①设置串行口工作模式；

②设置串行口为允许接收状态；

③设置串行口通信波特率；

④中断初始化，允许串行口中断；

⑤其他数据初始化。

（2）中断程序部分。

串行中断处理程序负责处理数据的发送与接收，处理过程是先查看RI、TI标志位，根据标志位转到相应的处理部分。在接收处理部分先从 SBUF 中读出数据，然后软件清 RI 标志；在发送处理部分先写入数据到 SBUF，然后软件清 TI 标志。

2. 案例：编程发送、接收 1 字节数据

1) 编程要求

编写程序用通信方式 1，波特率为 9600 发送 1 字节数据。

2) 编程思路

采用查询方式进行发送，程序流程是：先对串口初始化，然后发送数据。

3) 编写程序

根据编程思路，参考程序如下：

```
/************ 串口初始化函数 ************ /
void serialcom _ init( void)
 {
   SCON = 0x50;    //SCON:方式 1,8 位 UART,并允许接收
   TMOD = 0x20;    //TMOD:T1,方式 2,8 位计数
   PCON = 0x80;    //SMOD=1;
   TH1 = 0xFD;    //波特率:9600 fosc=11.0592MHz
   TL1 = 0xFD;
   IE = 0x00;    //关中断
   TR1 = 1;    // 启动 T1 计数
 }
/************ 发送一个字符函数 ************ /
void send_char(unsigned char ch)
{
   SBUF=ch;    //发数据。
   while (TI== 1);    //查询等待发送完数据
   TI= 0;    //清标志
}

/************ 主函数 ************ /
main(   )
{
 serialcom _ init( );    //串口初始化
 send_char (0x02);    //发送数据 0x02
 while(1);
}
```

3. 案例：编程接收 1 字节数据

1) 编程要求

编写程序方式 1，波特率为 9600，接收 1 字节数据，并保存在 BUF。

2) 编程思路

采用查询方式进行接收，程序流程是：先对串口初始化，然后查询是否收到数据，读出数据。

3) 编写程序

根据编程思路，参考程序如下：

```
unsigned char BUF[1]
/ ************ 串口初始化函数 ************ /
void serialcom _ init(void)
 {
  SCON = 0x50；    //SCON:方式1,8位 UART,并允许接收
  TMOD = 0x20；    //TMOD:T1,方式 2,8位计数
  PCON = 0x80；    //SMOD=1;
  TH1 = 0xFD；     //波特率:9600 fosc=11.0592MHz
  TL1 = 0xFD;
  IE = 0x00；   //关中断
  TR1 = 1；   // 启动 T1 计数
 }
/ ************ 接收字符函数 ************ /
unsigned char Receive _com( )//串口接收
{
 unsigned char ch;
 if(RI=1)；
  {
   ch=SBUF;
   RI=0；
   return ch;
  }
}
/ ************ 主函数 ************ /
main(  )
{
serialcom _ init( )；   //串口初始化
BUF [0]= Receive _com( );;    //接收数据
}
```

4. 单机通信

1) 单机通信硬件电路

如果两个 C51 单片机系统距离较近，就可以将它们的串行口直接相连，实现双机通信，如图 8-17 所示。

如果通信距离较远，可以使用 RS-232 接口延长通信距离。如果使用 RS-232 进行异步通信，必须将单片机的 TTL 电平转换成 RS-232 电平，则要在单片机的接口部分增加 RS-232 电气转换接口。常用 MAX232 构成接口电路，接口电路如图 8-18 所示。

2) 单片机点对点通信程序设计

单片机点对点通信时，总是通过一定的协议约定双方的工作流程，程序设计之前，先根据工作环境设计好通信协议。下面为一个简单的通信协议。

①通信双方均使用相同的波特率（9600bit/s），使用主从式方式，主机发，从机收，双

方采用查询方式。

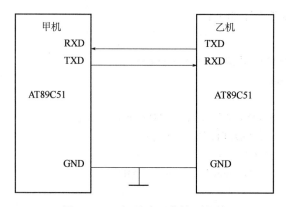

图 8-17　双机异步通信接口电路

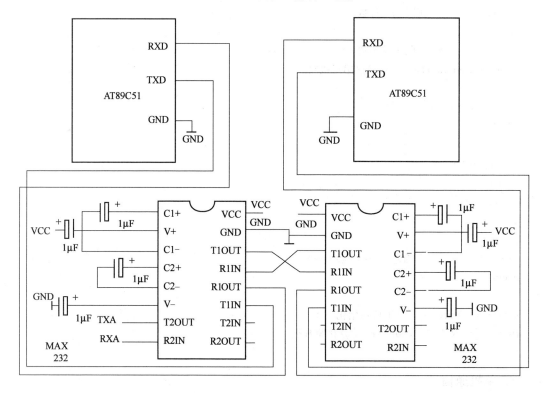

图 8-18　RS-232 双机异步通信接口电路图

②双机通信时，主机发送呼叫信号（06H），询问从机是否可以接收数据。

③从机接到呼叫信号后，如果可以接收数据，就发应答信号（00H）。

④主机在发送呼叫后等待从机的应答信号，如不能接收，则反复发呼叫信号，直到收到可以接收的应答信号。

⑤主机收到可以接收的信号（00H）后，先发送数据长度，然后开始将数据缓冲区的数据发送给从机。

⑥从机接收完数据后，发送 0F 信号。

⑦主机收到 0F 信号，结束发送。

点对点通信程序遵从通信协议，分主机通信程序和从机通信程序两大部分。

（1）主机通信程序。主机通信程序一般分为 4 个部分：预定义及全局变量部分、程序初始化部分、数据通信流程部分、数据发送部分。

①预定义及全局变量部分。这一部分主要声明程序中用到的预定义和子函数。一般先对协议中的呼叫、应答、正确、错误标志信号等进行规定与定义。例如，表 8-3 为上述协议的信号定义：

表 8-3　信号定义表

信号	宏定义	说明
0X06	_ RDY _	主机发送的呼叫信号
0X00	_ OK _	从机可以接收数据
0X0F	_ SUCC _	数据传送成功

②程序初始化部分。这一部分主要对数据缓冲区以及串口部分初始化。数据缓冲区初始化是把待发送数据装入缓冲区，串口部分初始化设定波特率、通信方式、数据发送方式等。

③数据通信流程部分主要是实现主机主动和从机的联络。

④发送数据部分实现数据的发送，可以把它设计成子函数，调用子函数即可。

（2）从机通信程序。从机通信程序也分为 4 个部分：预定义及全局变量部分、程序初始化部分、数据通信流程部分、数据接收部分。

①预定义及全局变量部分主要声明程序中用到的预定义和子函数。预定义部分的宏定义一般与主机相同。声明的函数一般有串口初始化函数、接收函数等。

②程序初始化部分主要对串口部分初始化。从机的串口设置必须与主机相同。因此 init _ serial（）函数代码与主机相同。

③从机受主机控制，数据通信流程部分主要是实现从机对主机应答。

④接收数据部分实现数据的接收。

5. 案例：编写主机通信程序

1）编程要求

按简单通信协议：主动发送握手信号 0x06，收到应答信号 0x01，然后向从机发送 1 字节数据，最后收到成功接收信号 0x0f 后，停止发送。

2）编程思路

采用查询方式，波特率为 9600bit/s，初始化串口后，按协议流程接收和发送信号，程序流程图如图 8-19 所示。

3）编写程序

根据编程思路，参考程序如下：

```
/******** 预定义及全局变量部分 *******/
#include <reg51.h>
/* 程序协议中使用的信号 */
#define __RDY_ 0x06    // 主机开始通信时发送的呼叫信号
#define __OK_ 0x01     // 从机准备好
#define __SUCC_ 0x0f   // 数据传送成功
/* 声明子函数 */
```

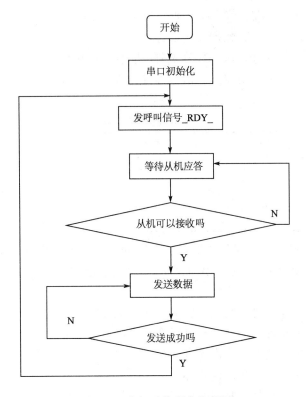

图 8-19   主机通信程序流程图

```
void init_serial( );    // 串口初始化
recv_data(unsigned char * buf);    // 接收数据
void send_data(unsigned char * buf);
/ * 定义数据类型 * /
unsigned char BUF[1]={0x03};
/ ************* 主函数 ************** /
main( )
{
    unsigned char tmp;
    init_serial( )
     while(1)
    {
    tmp=0xff;
    / * 发送呼叫信号 06H * /
    TI = 0;
    SBUF = __RDY_;
    while(! TI);
    TI = 0;
    / * 接收应答信息,如果接收的信号为 0x01,表示从机允许接收 * /
    while(tmp ! = __OK_)
    {
     RI = 0;
```

```
        while(! RI);
        tmp = SBUF;
        RI = 0;
        }
        /* 发送数据并接收从机接收完毕信息 */
    while(tmp ! = __SUCC_)
        {
            send_data(BUF);    // 调用发送子函数,发送数据
            RI = 0;
            while(! RI);
            tmp = SBUF;
            RI = 0;
            }
        }
    }
/ *********** 串口初始化函数 *********** /
    void init_serial(void)
    {
        TMOD = 0x20;    //定时器 T1 使用工作方式 2
        TH1 = 250;    // 设置初值
        TL1 = 250;
        TR1 = 1;    // 开始计时
        PCON = 0x80;    // SMOD = 1
        SCON = 0x50;    //工作方式 1,波特率 9600bps,允许接收
    }
    / *************** 发送数据函数 *************** /
    void send_data(unsigned char * buf)
    {
     SBUF = * buf;    // 发送数据
     while(! TI);
     TI = 0;
    }
```

6. 案例：编写从机通信程序

1) 编程要求

按简单通信协议：收到握手信号 0x06，发送 0x01，然后接收主机发送来的字节数据，最后发送成功接收信号 0x0f。

2) 编程思路

采用查询方式，波特率为 9600bit/s，初始化串口后，按协议流程接收和发送信号，程序流程图如图 8-20 所示。

3) 编写程序

根据编程思路编写从机程序，参考程序如下：

```
/ ******** 预定义及全局变量部分 ******* /
```

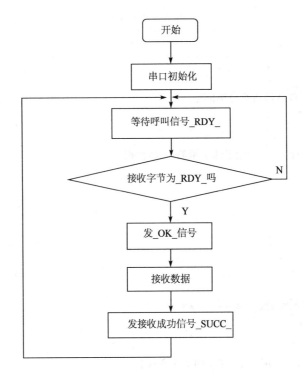

图 8-20　从机通信程序流程图

```
#include <reg51.h>
/******程序协议中使用的信号**************/
#define __RDY_ 0x06    // 主机开始通信时发送的呼叫信号
#define __OK_ 0x01     // 从机准备好
#define __SUCC_ 0x0f   // 数据传送成功
/***************声明子函数**************/
void init_serial( );    // 串口初始化
recv_data(unsigned char * buf);    // 接收数据
unsigned char send_data(unsigned char ch);
/**************定义数组**************/
unsigned char BUF[1];
/*************主函数**********/
main( )
{
unsigned char tmp;
/* 串口初始化 */
init_serial( );
EA = 0;    // 关闭所有中断
/**************进入设备应答阶段**************/
    while(1)
    {
        tmp = 0xff;
     /* 如果接收到的数据不是呼叫信号__RDY_,则继续等待 */
```

```
        while(tmp ! = __RDY_)
        {
            RI = 0;
            while(! RI);
            tmp = SBUF;
            RI = 0;
        }
    / * 发送__OK_信号表示可以接收数据 * /
        TI = 0;
        SBUF = __OK_;
        while(! TI);
        TI = 0;
        / * 数据接收 * /
        recv_data(BUF);    // 接收数据
        send_data(__SUCC_);//完毕发成功信号
    }
}
/ ************** 串口初始化函数 ************** /
void init_serial(void)
{
    TMOD = 0x20;    //定时器 T1 使用工作方式 2
    TH1 = 250;    // 设置初值
    TL1 = 250;
    TR1 = 1;    // 开始计时
    PCON = 0x80;    // SMOD = 1
    SCON = 0x50;    //工作方式 1,波特率 9600bit/s,允许接收
}


/ ************** 接收数据函数 ************** /
unsigned char recv_data(unsigned char * buf)
{
    while(! RI);
    * buf = SBUF;    // 接收数据
    RI = 0;
}
/ ************** 发送数据函数 ************** /
unsigned char send_data(unsigned char ch)
{
    TI = 0;
    SBUF = ch;
    while(! TI);
    TI = 0;
}
```

7. 多机通信

MCS-51 串行口的方式 2 和方式 3 常用于多机通信。多机通信包括一台主机和多台从机，主机发送的信息可以传送到各个从机或指定的从机，各从机发送的信息只能被主机接收，从机与从机之间不能进行通信，多机通信连接示意图如图 8-21 所示。

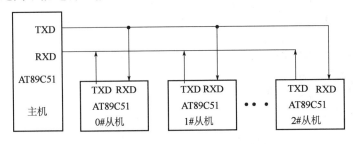

图 8-21　多机通信连接示意图

1) 多机通信中从机的寻址

多机通信中，主机与从机进行通信，必须能对从机进行识别，8051 单片机的串口专门多机通信提供了识别功能。正确地设置与判断 SCON 寄存器的 SM2 位和发送或接收的第 9 位数据（TB8 或 RB8）区分地址帧与数据帧，实现对从机的识别，从而实现多机通信。

多机通信时，8051 单片机串行口以方式 2 或方式 3 工作时，每帧信息 11 位，第 9 位可编程。

若 SM2=1，表示设置多机通信功能，发送信息时，先根据通信协议由软件设置 TB8（规定地址帧 TB8 为 1，数据帧 TB8 为 0），然后将要发送的数据写入 SBUF，即可启动发送。此时串行口自动将 TB8 装入到第 9 位数据位的位置，与 SBUF 中的数据一起发送出去。使 TI 置 "1"。串行口接收信息时，第 9 位数据自动放入 RB8 中。如果收到第 9 位数据为 "1"，则数据装入 SBUF，并置 RI=1，向 CPU 发出中断请求。如果接收到第 9 位数据为 0。此时不产生中断，信息将被丢失，不能接收。

若 SM2=0，则无论接收到的 RB8 位第 9 位是 1 还是 0，都置中断标志 RI= "1"，接收的数据有效，并装入 SBUF。

2) 多机通信程序设计

在编程前，首先要给各从机定义地址编号，如分别为 00H、01H、02H 等。在主机要发送一个数据段给某个从机时，它必须先送出一个地址字节，以辨认从机。编程实现多机通信的步骤如下。

①将所有从机的 SM2 置 "1"，为多机通信，从机处于只接收地址帧的状态。

②主机发送一帧地址信息，8 位数据位表示所需通信的从机地址。置 TB8 为 1，表示发送的信息是地址帧。

③各从机接收到地址信息后，先判断主机发送过来的地址信息与自己的地址是否相符。地址相符的从机，置 SM2=0，准备接收主机随后发来的所有信息。地址不相符的从机，丢掉信息，保持 SM2=1 的状态，直到收到与本机一致的地址信息。

④主机置 TB8 为 0，以表示发送的是数据或控制指令，发送控制指令或数据信息给被寻址的从机。

⑤被寻址的从机接收主机发送来的送控制指令或数据信息。没被寻址的从机，因为

SM2＝1，RB8＝0，所以对主机发送的信息不接收，不产生中断。

若主机要和其他从机通信时，可以再次发地址帧寻呼从机，重复上述过程。

单片机多机通信时也是通过一定的协议约定双方的工作流程。程序设计之前，先根据工作环境设计好通信协议。协议与点对点通信相类似，一般主机发送的呼叫信号就是发送地址信号，从机要对主机发送的地址与数据作应答。程序分为主机通信程序和从机通信程序两大部分。

下面以一台主机向 1 号从机发（00H－0FH）16 字节数据信息的多机通信为例进行说明。

简单协议如下：

• 发呼叫信号为从机地址，00H 为 1 号从机地址。1 号从机收到地址后发应答信号（本机地址）。

• 接收数据完毕，发结束信号，01H 表示数据传送完成。

（1）主机通信程序设计。主机通信程序一般也是分 4 个部分：预定义及全局变量部分、程序初始化部分、数据通信流程部分、数据发送部分。

①预定义及全局变量部分。这一部分也对通信中用到的信号进行定义。声明程序中用到的预定义和子函数。预定义及全局变量部分代码段如下：

```
＃include ＜reg51.h＞
＃include ＜string.h＞
＃define __MAX_LEN_ 16    // 数据最大长度
/ ************* 以下为程序协议中使用的呼叫应答信号 ************* * /
＃define __SUCC_ 0x0f    // 数据传送完成
/ ************* 以下为函数声明 ************* /
void init_serial( );    // 串口初始化
void init_tdata( );    // 发送数据初始化
void send_data(unsigned char ∗ buf)；    // 发送数据
```

②程序初始化部分。程序初始化是初始化对数据缓冲区、串行口。程序初始化部分代码如下：

```
/ ************* 初始化 ************* /
  char buf[__MAX_LEN_]；
  unsigned char i ＝ 0；
  unsigned char tmp；
  unsigned char addr；    // 该字节用于保存要通信的从机地址
  init _tdata( )；    //为缓冲区赋初值
  init_serial( )；    //串行口初始化
/ ************* init_serial( )代码 ************* /
void init_serial( )
{
    TMOD＝0x20；    //定时器 T1 定义为模式 2
    TL1＝0xfd；    //置初值
    TH1＝0xfd；
    PCON＝0x00；
```

```
    TR1=1；
    SCON＝0xd0；    //设置串行口控制字,方式3,允许接收
}
/ ************ 为缓冲区赋初值 ************* /
void init _tdata( )
{
if(i＜16)
 *(buf＋i)＝i；
i++；
}
```

③数据通信流程部分。数据通信流程部分主要是实现主机主动和从机的联络。按通信协议，对应的程序流程如图8-22所示。

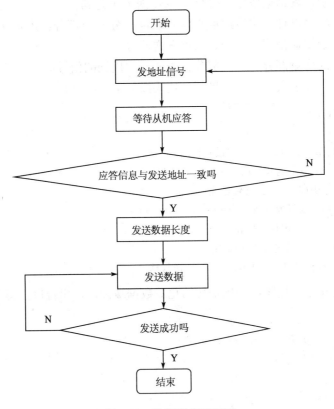

图 8-22　数据通信流程图

实现代码如下：

```
tmp ＝ addr－1；
while(tmp !＝ addr)
{
/ *********** 发送从机地址 ************** /
    TI ＝ 0；
    TB8 ＝ 1；    // 发送地址帧
    SBUF ＝ addr；
```

```
    while(! TI);
    TI = 0;
/************* 接收从机应答 ************* /
    RI = 0;
    while(! RI);
    tmp = SBUF;
    RI = 0;
  }
/* 发送数据并接收传送完成信息,如果接收的信号为01H,表示从机接收完成。否则将重新发送该组
数据 * /
  tmp =0xff;
  while(tmp ! = __SUCC_)
  {
      send_data(buf);    // 发送数据
      RI = 0;
      while(! RI);
      tmp = SBUF;
      RI = 0;
  }
  while(1);    // 程序结束,进入死循环
}
```

④发送数据部分。发送数据部分实现数据的发送，包含在函数 send _ data（unsigned char * buf）中，代码如下：

```
/************* 发送数据 ************* /
void send_data(unsigned char * buf)
{
  unsigned char len;    // 保存数据长度
  len = strlen(buf);    // 计算要发送数据的长度
  /************* 发送数据长度 ************* /
  TI = 0;
  TB8 = 0;    // 发送数据帧
  SBUF = len;    // 发送长度
  while(! TI);
  TI = 0;
  /************* 发送数据 ************* /
  for(i=0;i<len;i++)
  {
    TB8 = 0;    // 发送数据帧
    SBUF = * buf;    // 发送数据
    buf++;
    while(! TI);
    TI = 0;
  }
```

```
    }
```

（2）从机通信程序。从机通信程序也分为 4 个部分：预定义及全局变量部分、程序初始化部分、数据通信流程部分、数据接收部分。

①预定义及全局变量部分。这一部分主要也是声明程序中用到的预定义和子函数。预定义部分的宏定义基本上与主机相同。

②程序初始化部分。这一部分主要对串口部分初始化。init_serial（ ）函数代码如下：

```
char buf[__MAX_LEN_];
unsigned char i = 0；
unsigned char tmp = 0xff；
unsigned char addr=00H；    // 保存本机地址
/ ************** 串口初始化 ************** /
init_serial( );    // 初始化串口
EA = 0；    // 关闭所有中断
/ ************** 初始化串口函数 ************** /
init_serial( )
{
TMOD=0x20；    //定时器 T1 为模式 2
  TL1=0xfd；    //定时器初值
  TH1=0xfd；
  PCON=0x00；
  TR1=1；
  SCON=0xf0；        //串行口方式 3
}
```

③数据通信流程部分。从机数据通信流程受主机控制，主要是实现从机对主机应答。其通信流程图如图 8-23 所示。

相应的实现代码如下：

```
/ ************** 进入设备应答阶段 ************** /
while(1)
{
  SM2 = 1；    // 只接收地址帧
  / * * 接收地址帧,不是本机地址,则继续等待 * * /
  tmp = addr-1；
  while(tmp ! = addr)
  {
    RI = 0；
    while(! RI)；
    tmp = SBUF；
    RI = 0；
  }
  / ************** 发送应答信号,并做好接收数据的准备 ************** /
  TI = 0；
  TB8 = 0；
```

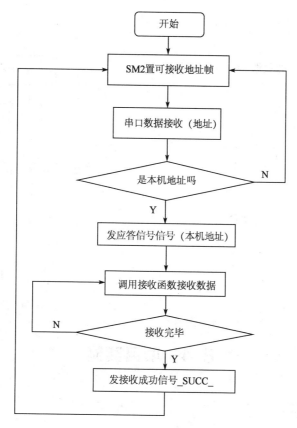

图 8-23　从机接收数据通信流程图

```
    SBUF = addr;
    while(! TI);
    TI = 0;
    SM2 = 0;    // 接收数据信息
    /************* 数据接收 *************/
    recv_data(buf)
    continue;
}
```

④接收数据部分。发送数据部分实现数据的接收，按通信协议，数据接收流程图如图 8-24 所示。

相应实现代码如下：

```
/************* 接收数据 *************/
unsigned char recv_data(unsigned char * buf)
{
    unsigned char len;    // 该字节用于保存数据长度
    unsigned char i,tmp;
    /* 接收数据长度 */
    RI = 0;
    while(! RI);
```

```
len = SBUF;
RI = 0;
/ *********** 接收数据 *********** /
for(i=0;i<len;i++)
{
    while(! RI);
    * buf = SBUF;    // 接收数据
    RI = 0;
    buf++;
}
TI = 0;    // 发送接收完毕信号
TB8 = 0;
SBUF = __SUCC_;
while(! TI);
TI = 0;
}
```

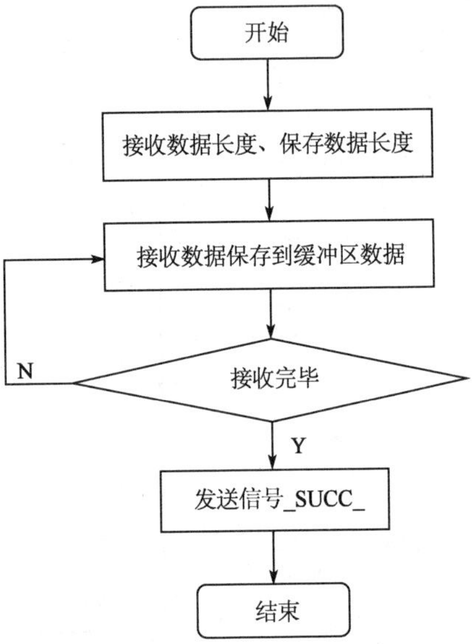

图 8-24   数据接收流程图

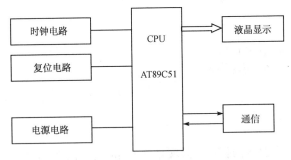

(流程图: 开始 → 接收数据长度、保存数据长度 → 接收数据保存到缓冲区数据 → 接收完毕(N循环/Y) → 发送信号_SUCC_ → 结束)

8.4   项目实施

8.4.1   总体设计思路

基本功能部分的实现思路是:为了通信的稳定,编制简单通信协议,用 AT89C51 单片机串口进行通信,用 LCD1602 显示通信状态,数据收发器结构框图如图 8-25 所示。

图 8-25   数据收发器结构框图

(结构框图: 时钟电路、复位电路、电源电路 → CPU AT89C51 → 液晶显示、通信)

8.4.2   设计硬件电路

数据收发器硬件电路如图 8-26 所示,用 AT89C51 单片机作控制,通电复位与按键复位相结合的复位方式;采用 11.0592MHz 时钟;P0 端口的 P0.0~P0.7 用作 LCD1602 显示数据输出端口,P2.0、P2.1、P2.3 作控制端口;P3 端口的 P3.0、P3.1 作通信端口。

8.4.3   程序设计

1) 程序设计思路

为了实现稳定的数据收发,制订简单的通信协议:8 位数据、无奇偶校验、1 位停止位,波特率为 9600bit/s；收发器时候到发起通信信号 0x06，则回复应答 0x01；应答后准备接收命令，如命令为 0x01，发送指定的数据缓冲区数据；如命令为 0x02，则接收对方的数据。数据传送完毕，传送或接收成功信号 0x0f。

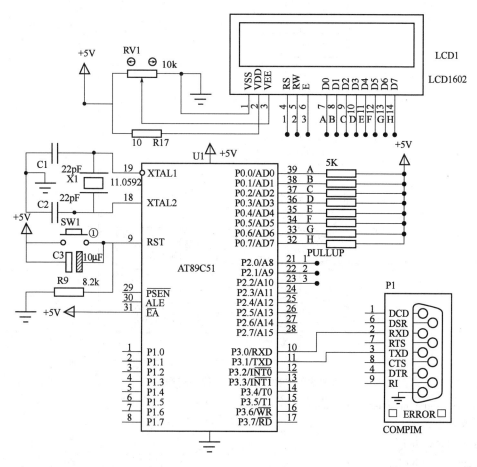

图 8-26　数据收发器硬件电路

采用模块化设计，数据收发器程序主要分为主模块、发送模块、接收模块、显示模块。按照通信协议进行数据通信，其主程序流程图如图 8-27 所示。

2) 程序设计

根据硬件电路与主程序流程图，设计程序代码如下（液晶显示参考程序同项目 7）：

```
#include<reg51.h>
#include <lcd1602.h>
/* 以下为程序协议中使用的握手信号 */
#define _RDY_   0x06    // 主机开始通信时发送的呼叫信号
#define _OK_    0x01    // 从机准备好
#define _SUCC_  0x0f    // 数据传送成功
/* 函数声明 */

void init_serial( );   // 串口初始化
unsigned char Recv_data(unsigned char * buf);    // 接收数据
```

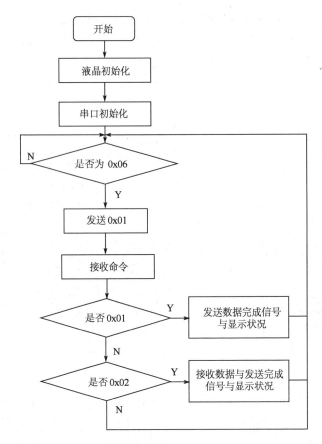

图 8-27 数据收发器主程序流程图

```
void send_data(unsigned char * buf);
/* 数据定义 */
unsigned char buf[];
unsigned char buf1[2]={1,2};
/************** 主函数 ************/
main(  )
{
    char buf[32];
    unsigned char i = 0;
    unsigned char tmp ;
    unsigned char command=0x0;
      lcd_init(  );
    init_serial(  );    // 初始化串口
    EA = 0;    // 关闭所有中断
    display_string(1,0,title);    //显示第一行,从第 1 个位置开始
/* 进入设备应答阶段 */
while(1)
{    tmp=0xff;
    /* 如果接收到的数据不是握手信号__RDY_,则继续等待 */
    while(tmp ! = _RDY_)
```

```
        {
            RI = 0;
            while(! RI);
            tmp = SBUF;
            RI = 0;
        }
        TI = 0;     // 否则发送_OK_信号表示可以接收数据
        SBUF = _OK_;
        while(! TI);
        TI = 0;
        /*接收指令*/
        while(! RI);
        command = SBUF;
        RI = 0;
        if(command==0x01)
        {
          send_data(buf1);    //发送数据 1
          display_string(0,1,date2);    //显示发送数据 OK
          }
        if(command==0x02)
        {
          while(Recv_data(buf));    //接收数据
          display_string(0,1,date1);    //显示接收数据 OK
          }
      }
}


/*******************************
函数名称:串口初始化函数
函数功能:初始化串口
入口参数:无
出口参数:无
******************************/
void init_serial( )
{
    TMOD = 0x20;   //定时器 T1 使用工作方式 2
    TH1 = 250;    // 设置初值
    TL1 = 250;
    TR1 = 1;    // 开始计时
    PCON = 0x80;    // SMOD = 1
    SCON = 0x50;    //工作方式 1,波特率 9600bps,允许接收
}


/*******************************
```

函数名称:接收数据函数

函数功能:接收数据

入口参数:数据保存首地址

出口参数:成功接收标志0

 ********************************* /

```c
unsigned char Recv_data(unsigned char * buf)
{
    unsigned char len;     // 该字节用于保存数据长度
    unsigned char i;
    /* 接收数据长度 */
    RI = 0;
    while(! RI);
    len = SBUF;
    RI = 0;
    /* 接收数据 */
    for(i=0;i<len;i++)
    {
        while(! RI);
        * buf = SBUF;     // 接收数据
        RI = 0;
        buf++;
    }
    * buf = 0;     // 表示数据结束
    TI = 0;     // 校验成功
    SBUF = _SUCC_;
    while(! TI);
    TI = 0;
    return 0;
}


/* *******************************
```

函数名称:发送数据函数

函数功能:发送数据

入口参数:数据发送缓存区首地址

出口参数:无

 ******************************* /

```c
void send_data(unsigned char * buf)
{
    unsigned char i;
    TI = 0;
    /* 发送数据 */
    for(i=0;i<2;i++)
    {
        SBUF = * buf;     // 发送数据
```

```
            buf++;
            while(! TI);
            TI = 0;
        }
        SBUF =_SUCC_;    //发送成功
        while(! TI);
}
```

8.4.4　调试仿真

（1）利用 Keil μVisison2 的调试功能，根据错误提示，双击"提示"找到错误代码，排除各种语法错误。

（2）编译成 hex 文件。

（3）通过对端口、子函数入口参数赋值、变量赋值，对存储空间、寄存器、端口、变量数据观察，单步调试的方式调试程序。

串口通信部分可通过两种方法调试。一种方法是通过命令窗口输入两条命令：

mode <com1> 9600，0，8，1

assign <com1 ><Sin>Sout

把单片机串口绑定到（PC）计算机的串口，用串口通信调试软件接收与发送数据，用 keil 的模拟串口进行调试。

另一种方法是通过虚拟串口软件 VSPD XP6.1 虚拟串口，用 Proteus 仿真软件与串口调试软件进行仿真调试。

（4）仿真。按电路图放置电阻（RES、PULLUP）、电容（CAP）晶振（CRYSTAL）、AT89C51、液晶（LM016L）、发光二极管（LED）、按键（BUTTON）、电位器（POT－HG）、串口（COMPIN）、液晶（LM016L）、电源、地等，设计如图 8-28 所示数据收发器仿真模型图。设置仿真模型时钟为 11.0592MHz、串口号（与串口调试助手互为同对虚拟串口）。设置串口调试助手的波特率和数据格式与数据收发器一致。

仿真调试时，首先让串口调试软件模拟发送十六进制 06、01，观察每发送一个数据后，串口调试软件及液晶显示效果是否为发送数据状态，发送数据是否正确。再让串口调试软件模拟发送十六进制 06、02、02、01、02，观察每发送一个数据后，串口调试软件及液晶显示效果是否为接收数据状态，接收数据是否与发送一致。

8.4.5　安装元器件，烧录、调试样机

（1）仿真调试成功后，按电路图把元件焊接安装在实验板上，并进行静态和动态检测。

（2）烧录 hex 文件，运行程序，如不能运行，则先排除各种故障（供电、复位、时钟、内外存储空间选择、软硬件端口运用一致等）。

（3）用电平逻辑转换（MAX232 模块电路）与电脑本机串口（USB 转串口）连接，用串口助手进行数据收发，测试收发数据功能以及数据通信的稳定性。

（4）如没有达到性能指标，可根据性能指标，调整电路或元件参数、优化程序，重新调试、编译、下载、运行程序，测试性能指标。

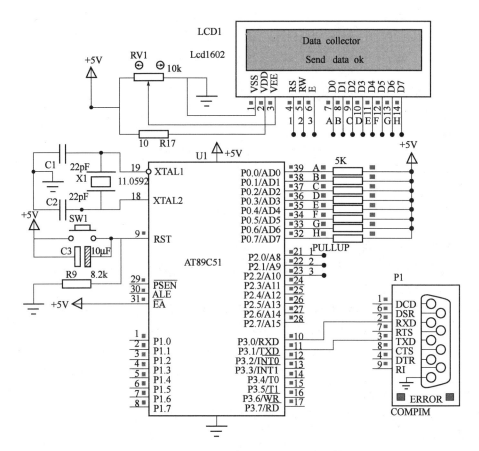

图 8-28　主机仿真调试模型图

8.5　拓展训练

（1）设计制作远程报警系统，实现一机多警检测。

（2）查找步进电机资料，设计制作远程云台控制器。

项目 9

设计制作温度报警器

9.1 学习目标

① 了解 I²C 通信协议与单总线协议；
② 初步掌握 MCS-51 系列单片机与 I²C 器件 AT24C02 的接口应用；
③ 初步掌握 MCS-51 系列单片机与单总线器件 DS18B20 的接口应用；
④ 巩固液晶显示技术；
⑤ 熟练 C51 程序设计。

9.2 项目任务

1) 项目要求
① 用 Keil C51、Proteus、EASY 下载软件作开发工具；
② 用 AT89C51 单片机作控制；
③ 用 DS18B20 作测温器件，测温环境温度为 0～99℃，温度精确到 1℃；
④ 液晶 LCD1602 作显示，显示＊＊℃；
⑤ 具有报警功能，若温度超过 25℃，则蜂鸣报警；
⑥ 发挥功能：把读到的温度值存入 AT24C02 等。

2) 设计制作任务
① 拟定总体设计制作方案；
② 设计硬件电路；
③ 编制软件流程图及设计相应源程序；
④ 仿真调试温度报警器；
⑤ 安装元件，制作温度报警器，调试功能指标。

9.3 相关知识

9.3.1 DS18B20 应用

1. DS18B20 引脚及内部结构

DS18B20 是 DALLAS 公司生产的一线式数字温度传感器，具有 3 引脚 TO-92 小体积封装和 8 引脚 SOIC 封装两种形式，温度测量范围为 −55～125℃，可编程为 9～12 位 A/D 转换精度。测温分辨率可达 0.0625℃，被测温度用符号扩展的 16 位数字量方式串行输出。其工作电源既可在远端引入，也可采用寄生电源方式产生。每个 DS18B20 都有一个 64 位的序列号，多个 DS18B20 可以并联到 3 根或 2 根线上，CPU 只需一根端口线就能与多个 DS18B20 通信，占用微处理器的端口较少，节省大量的引线和逻辑电路，适用于远距离多点温度检测系统。

DS18B20 的外观及引脚排列如图 9-1 所示，引脚功能如表 9-1 所示。

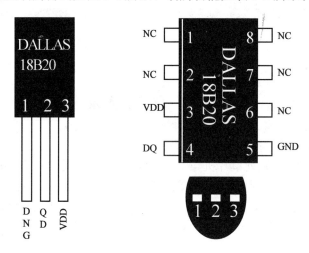

图 9-1　DS18B20 的外观及引脚排列

表 9-1　DS18B20 引脚功能表

8 引脚 SOIC 封装	3 引脚 TO-92 封装	符号	引脚功能
5	1	GND	接地
4	2	DQ	数据输入输出
3	3	VDD	外接供电电源输入端
1、2、、6、7、8		NE	空脚

DS18B20 主要由 64 位 ROM、温度传感器、温度报警触发器 TH 和 TL、配置寄存器 4 部分组成，内部结构如图 9-2 所示。

ROM 中的 64 位序列号是出厂前被光刻好的，可看作是该 DS18B20 的地址序列码，每个 DS18B20 的 64 位序列号均不相同，用以实现一根总线上挂接多个 DS18B20 的目的。

DS18B20 中的温度传感器完成对温度的测量，经 A/D 转换后，用 16 位带符号的二进制补码读数输出，温度值数据格式如下：

温度值低字节：

	Bit7	Bit6	Bit5	Bit4	Bit3	Bit2	Bit1	Bit0
	2^3	2^2	2^1	2^0	2^{-1}	2^{-2}	2^{-3}	2^{-4}

温度值高字节：

	Bit15	Bit14	Bit13	Bit12	Bit11	Bit10	Bit9	Bit8
	S	S	S	S	S	2^6	2^5	2^4

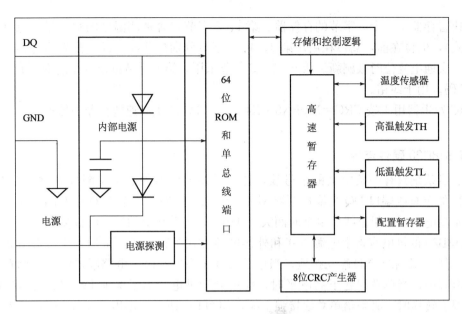

图 9-2　DS18B20 的内部结构

其中，S 为符号位。例如＋125℃的数字输出为 07D0H，＋26.0625℃的数字输出为 0191H，－26.0625℃的数字输出为 FF6FH，－55℃的数字输出为 FC90H。

高低温报警触发器 TH 和 TL、配置寄存器均由一个字节的 EEPROM 组成，高低温报警触发器 TH 和 TL 用于存储用户预定义的报警预置值。使用存储器功能命令可对 TH、TL 或配置寄存器写入。TH 和 TL 寄存器格式如下：

TH/TL 寄存器：

Bit7	Bit6	Bit5	Bit4	Bit3	Bit2	Bit1	Bit0
S	2^6	2^5	2^4	2^3	2^2	2^1	2^0

其中，S＝0，为正；S＝1，为负。

配置寄存器主要用于设置测量精度的格式如下：

配置寄存器：

Bit7	Bit6	Bit5	Bit4	Bit3	Bit2	Bit1	Bit0
0	R1	R0	1	1	1	1	1

其中，Bit0～Bit4 及 Bit7 为器件保留，R1、R0 决定温度转换的精度位数，R1、R0 与精度的关系如表 9-2 所示，未编程时默认为 12 位精度。

表 9-2　R1、R0 与精度的关系

R1	R0	精度	增量	转换时间
0	0	9 位	0.5℃	97.75ms
0	1	10 位	0.25℃	187.5ms
1	0	11 位	0.125℃	375ms
1	1	12 位	0.0625℃	750ms

高速暂存器是一个 9 字节的存储器。第 1、2 字节包含被测温度的数字量信息（二字节补码形式），低位在前，高位在后。第 3、4、5 字节分别是 TH、TL、配置寄存器的临时字节，每一次通电复位时被刷新。第 6、7、8 字节未用，第 9 字节读出的是前面所有 8 个字节的 CRC 码，用于纠错。

CRC 发生器用于按 $CRC=X8+X5+X4+1$ 计算，产生高速暂存器中数据的循环冗余校验码。

2. DS18B20 硬件连接

单总线系统只有一条定义的信号线，挂在总线上的器件必须是漏极开路或三态输出。DS18B20 的单总线端口 DQ 是漏极开路型的。单总线需外接一个 5kΩ 左右的上拉电阻。空闲状态是高电平。如果总线低电平时间大于 $480\mu s$，则总线上的器件将被复位。

DS18B20 的供电有寄生电源方式和外接电源方式两种模式。采用寄生电源方式，无外部电源，其 VDD 和 GND 端均接地，当单总线处于高电平时，电路吸取能量存储在寄生电源储能电容内；当单总线处于高电平时，释放能量供电。为了保证 DS18B20 充足的供电，在进行温度转换时，必须给单总线接强上拉，如图 9-3 所示。温度在 100℃时不推荐使用这种方式。

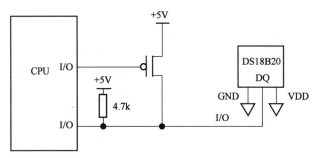

图 9-3　寄生电源工作方式

外接电源方式是从 VDD 端接入 3～6.5V 外部电源供电。这时单总线上不需要强上拉，而且总线不用在温度转换时间总保持高电平，如图 9-4 所示。

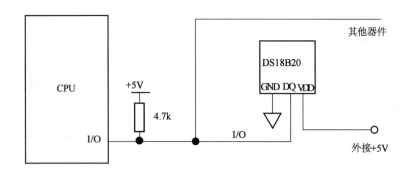

图 9-4　外接电源工作方式

3. DS18B20 时序与实现

DS18B20 的单总线工作协议流程是：初始化→ROM 操作→存储器（RAM）操作。

1) 初始化时序

DS18B20 初始化包括一个由主控制器发出的复位脉冲和从机发出的应答脉冲。初始化时序如图 9-5 所示。

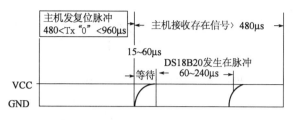

图 9-5　初始化时序图

复位时，要求主控制器进入发送状态，将单总线下拉低至 $480\mu s$，以产生复位脉冲。接着，主机释放单总线，并进入接收状态，$5k\Omega$ 上拉电阻将单总线拉高。当 DS18B20 检测到上升沿后，延迟 $14\sim60\mu s$，然后通过拉低单总线 $60\sim240\mu s$ 的方式产生应答信号，若 CPU 收到低脉冲，则复位成功。

例如，用 P1.1 模拟时钟输出，进行复位，C51 函数及代码如下：

```
/*************** 复位子函数 ***************/
sbit DQ＝P1^1;
void delay(unsigned int time)
{
while(time －－);
}

unsigned char Reset(void)
{
    unsigned char x;
    DQ ＝ 1;
    delay(8);
    DQ ＝ 0;
    delay(80);      //480～960μs
    DQ ＝ 1;
    delay(8);     //15～60μs
    x ＝ DQ;        //采样
    delay(4);
    return x;
}
```

2) 写时序

DS18B20 的数据读写是通过时序处理位来确认信息交换的，写时序如图 9-6 所示。

主机（控制器）采用写"1"时序，向从机（DS18B20）写入"1"；采用写"0"时序，向从机（DS18B20）写入"0"。所有写时序至少需要 $60\mu s$，在两次独立写之间至少需要 $1\mu s$ 的恢复时间。产生写"1"时序的方式是：主机先拉低总线，接着 $15\mu s$ 之内释放总线，由 $5k\Omega$ 上拉电阻将总线拉至高电平。产生写"0"时序的方式是：主机先拉低总线，保持至少

$60\mu s$ 的低电平。

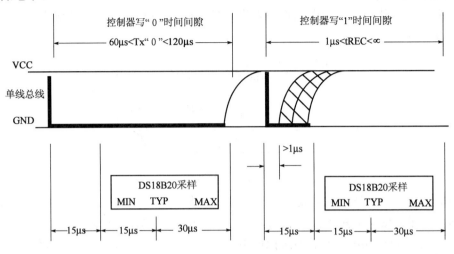

图 9-6　写时序图

在写时序起始后 $14\sim60\mu s$ 期间，单总线器件 DS18B20 采样总线电平状态，如果在此期间采样为高电平，则逻辑 "1" 写入器件；如果为低电平，则逻辑 "0" 写入器件。

例如，写 1 字节子函数及代码如下：

```
void write_byte(unsigned char dat)
{
    unsigned char i;
    for(i = 0;i < 8;i ++)
    {
        DQ = 0;
        DQ = dat & 0x01;
        delay(4);
        DQ = 1;
        dat >>= 1;
    }
    delay(4);
}
```

3) 读操作

读数据时，主机（控制器）也是采用读 "1" 时序，向从机（DS18B20）读出 "1"；采用读 "0" 时序，向从机（DS18B20）读出 "0"。所有写时序至少需要 $60\mu s$，在两次独立写之间至少需要 $1\mu s$ 的恢复时间。每个读时序都由主机通过拉低单总线至少 $1\mu s$ 发起，如图 9-7 所示。

在主机发起读时序之后，单总线器件 DS18B20 才开始在总线上发送 "0" 或 "1"。若发送 "0"，则拉低总线；若发送 "1"，则保持总线为高电平。当发送 0 时，从机在该时序结束后释放总线，由上拉电阻将总线拉回至空闲高电平状态。从机发送数据在时序发起之后，保持有效时间 $15\mu s$。主机在读时序期间必须释放总线，且在时序起始后的 $15\mu s$ 之内采样总线状态，读入数据。

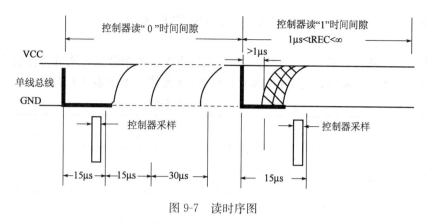

图 9-7 读时序图

例如，读 1 字节数据函数及代码如下：

```
/**************读 1 字节数据子函数**************/
unsigned char read_byte( )
{
    unsigned char i,value;
    for(i = 0;i < 8;i ++)
    {
        DQ = 0;
        value >>= 1;
        DQ = 1;
        if(DQ)
        {
            value |= 0x80;
        }
        delay(4);
    }
    return value;
}
```

4. DS18B20 操作命令

1) ROM 操作命令

在主机检测到应答脉冲后，按一定的时序，通过 ROM 操作命令与从机 DS18B20 的 64 位序列号，操作某个指定的从机设备。搜索单总线上有多少个从机设备及设备类型，或者有没有设备处于报警状态。DS18B20 可支持 5 种 ROM 操作指令，如表 9-3 所示。

表 9-3　ROM 操作指令

指令	代码	功能
读 ROM	33H	读 DS18B20 中 ROM 中的编码（即 64 位地址）
符合 ROM	55H	发出此命令后，接着发 64 位 ROM 编码，访问与编码相对应的 DS18B20，使其做出响应
搜索 ROM	0F0H	用于确定总线上的 DS18B20 个数和识别 64 位 ROM 地址
跳过 ROM	0CCH	"单点"时，系统忽略 64 位地址，直接向 DS18B20 发温度转换指令
告警搜索命令	0ECH	执行后只有温度超过设定值的 DS18B20，才做出响应

主机在发出功能命令之前，必须先发出相应的 ROM 命令。

2) RAM 操作命令

在主机指定从机设备后，按一定的时序，通过 RAM 操作命令对从机进行数据操作，如实现温度触发设置、读温度值等。DS18B20 的 RAM 操作指令如表 9-4 所示。

表 9-4　RAM 操作指令表

指令	代码	功能
温度变换	44H	启动 DS18B20 进行温度转换，结果存入内部高速暂存器中
读暂存器	0BEH	读内部高速暂存器中的内容
写暂存器	4EH	发出向 TL、TH、配置暂存器内写温度数据指令，然后传送 2 字节的数据，但是必须在复位信号发起之前
复制暂存器	48H	将 TL、TH、配置暂存器中的内容复制到 EEPROM 中
重调 EEPROM	0B8	将 EEPROM 内容恢复到 TL、TH、配置暂存器中
读供电方式	0B4H	读 DS18B20 供电模式。寄生供电时发送 "0"，外接电源供电时发送 "1"

5. DS18B2 的操作流程

根据 DS18B20 单总线工作协议，主机控制 DS18B2 完成温度转换，必须在每次读写之前对从机 DS18B20 进行复位操作，复位成功之后发送 ROM 指令，最后发送 RAM 指令。

如在总线上挂接有多个 DS18B20，要对其中一个作启动温度测量转换操作。流程如表 9-5 所示。每项操作都要对 DS18B20 复位→确认应答→发地址编码→发操作指令→完成操作。如要中断操作可通过复位实现。

表 9-5　多个 DS18B20 操作流程

流程	主机执行操作	从机 DS18B20 操作	单总线内容
1	发送复位脉冲	接收复位脉冲，复位	复位脉冲
2	接收 DS18B20 应答脉冲	等待后，发送存在脉冲	应答脉冲
3	发 ROM 编码匹配指令	收编码匹配指令	55H
4	发 ROM 编码	收编码	要执行温度转换操作的 DS18B20 编码
5	发温度转换指令	DS18B20 收转换指令	44H
6	置单总线为高电平	完成温度转换	高电平

6. 案例：编写单点测温程序

1) 编程要求

编写程序实现功能：控制单点 DS18B20 启动温度转换，读出温度值并保存在数据缓存的 2 个空间。

2) 编程思路

根据 DS18B20 单总线工作协议，控制 DS18B2 完成温度转换，每次必须对 DS18B20 进行复位操作→发地址编码（或跳过地址）→发操作指令（ROM 指令与 RAM 指令）。

首先，调用复位函数 Ds18 _ init （ ） 复位 DS18B20，调用 void write _ byte（unsigned char dat）写 1 字节数据函数，写跳过 ROM 的指令 0XCC、启动指令 0X44，启动转换。

然后，再次调用复位函数 Ds18 _ init （ ） 复位 DS18B20，调用 void write _ byte（unsigned char dat）写 1 字节数据函数，写跳过 ROM 的指令 0XCC、启动指令 0XBE，读出

温度。

3) 编写程序

根据编程思路与程序流程图，编写参考程序如下：

```
unsigned char temp_data[2];
sbit DQ = P1^5;
void delay(unsigned int x)
{
while(x ——);
}
/ ************ 初始化程序 ******************* /
unsigned char Ds18_init( )
{
    unsigned char x;
    DQ = 1;
    delay(8);
    DQ = 0;
    delay(80);      //480~960μs
    DQ = 1;
    delay(8);     //15~60μs
    x = DQ;     //采样
    delay(4);
    return x;
}


/ ************ 写1字节子函数 **************** /
void write_byte(unsigned char dat)
{
    unsigned char i;
    for(i = 0;i < 8;i ++)
    {
        DQ = 0;
        DQ = dat & 0x01;
        delay(4);
        DQ = 1;
        dat >>= 1;
    }
        delay(4);
}


/ ************ 读1字节子函数 **************** /
unsigned char read_byte( )
{
    unsigned char i,value;
```

```
    for(i = 0;i < 8;i ++)
  {
      DQ = 0;
      value >>= 1;
      DQ = 1;
      if(DQ)
    {
      value |= 0x80;
    }
      delay(4);
  }
    return value;
}
/ *********** 读温度子函数 *********** /
void read_temp(void)
{
  Ds18_init( );
  write_byte(0xcc);       //跳过 ROM
  write_byte(0x44);        //启动温度测量
  delay(400);
  / * 读出温度值 * /
  Ds18_init( );
  write_byte(0xcc);
  write_byte(0xbe);
  temp_data[0]=read_byte( );     //温度低 8 位存入定义的 temp_data 数组
  temp_data[1]=read_byte( );     //温度高 8 位存入定义的 temp_data 数组
}
/ *********** 主函数 *********** /
main(   )
{
  while(1)
  {
    readtemp( );
  }
}
```

9.3.2 AT24C02 应用

1. I²C 总线简介

I²C 总线是由 Philips 公司开发的一种简单、双向二线制同步串行总线。它只需两根线就可以与总线上的器件传送信息。

1) I²C 总线电气标准

（1）两线制。SDA 和 SCL。

（2）标准模式下速率达 100Kbit/s，快速达 400Kbit/s。

（3）总线上器件地址由器件内部硬件和外部地址引脚同时决定。

（4）同步时钟允许以不同速率进行通信。

（5）片上滤波器可以滤除干扰信号，传送稳定。

（6）采用开漏工艺，SDA 和 SCL 需接上拉电阻。

2) I^2C 总线协议

I^2C 总线协议定义如下：

（1）只有在总线空闲时，才允许启动数据传送。

（2）数据传送由产生串行时钟和所有起始、停止信号的主器件控制。在数据传送过程中，当时钟线为高电平时，数据线必须保持稳定状态，不允许有跳变。时钟线为高电平时，数据线的任何电平变化将被看作总线的起始或停止信号。

① 起始信号：时钟线保持高电平期间，数据线电平从高到低的跳变作为 I^2C 总线的起始信号。

② 停止信号：时钟线保持高电平期间，数据线电平从低到高的跳变作为 I^2C 总线的停止信号。

（3）任何将数据传送到总线的器件作为发送器。任何从总线接收数据的器件为接收器。主器件和从器件都可以作为发送器或接收器，但由主器件控制传送数据（发送或接收）的模式。

2. I^2C 总线器件 AT24C02

AT24C02 是美国 Atmel 公司的低功耗 CMOS 型 E2PROM，与 CAT24WC01/02/04/08/16 同系列。内含 256×8 位存储空间，具有工作电压宽（2.5～5.5 V）、擦写次数多（大于 10000 次）、写入速度快（小于 10 ms）、抗干扰能力强、数据不易丢失、体积小等特点。采用了 I^2C 总线式进行数据读写的串行器件，占用很少的资源和 I/O 线，且支持在线编程，实时存取数据十分方便。

如图 9-8 所示，双列直插式封装的 AT24C02，引脚功能如下。

SCL：串行时钟。用于产生器件所有数据发送或接收的时钟，输入引脚。供电电压 1.8～2.5V 时，频率最大为 100kHz，供电电压 4.5～5V 时，频率最大为 400kHz。

SDA：串行数据/地址，用于器件所有数据的发送或接收，SDA 是开漏输出引脚，可与其他开漏输出或集电极开路输出。

A0、A1、A2：器件地址输入端。用于多个器件级联时设置器件地址，当这些脚悬空时默认值为 0（24WC01 除外）。当使用 24WC01 或 24WC02 时，最大可级联 8 个器件，

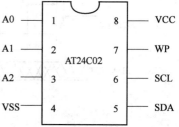

图 9-8　AT24C02 引脚分布图

如果只有一个 24WC02 被总线寻址，这三个地址输入脚 A0、A1、A2 可悬空或连接到 VSS。

WP：写保护。如果 WP 引脚连接到 VCC，所有的内容都被写保护，只能读。当 WP 引脚连接到 VSS 或悬空，允许器件进行正常的读/写操作。

VCC：电源输入。+1.8～6V 工作电压。

VSS：电源地。

3. AT24C02 的操作

1) 硬件接口

按 I^2C 总线电气标准，AT24C02 与硬件接口结构如图 9-9 所示，数据线和时钟线必须

接上拉电阻。

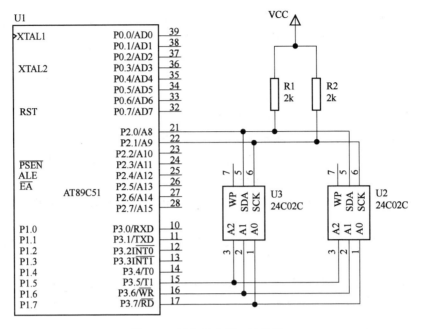

图 9-9　AT24C02 接口结构图

2) I²C 总线时序与数据结构

AT24C02 支持 I²C 总线协议，I²C 总线时序如图 9-10 所示。写周期时序如图 9-11 所示。

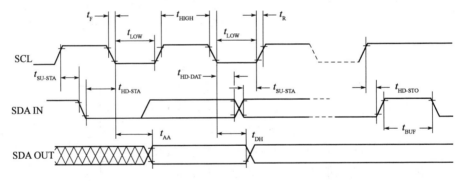

图 9-10　I²C 总线时序图

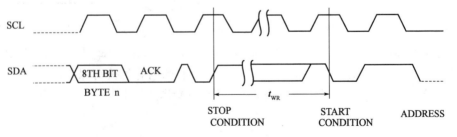

图 9-11　写周期时序图

　　当对 AT24C02 操作时，在总线空闲状态发送起始信号后，主器件向总线传送的第一个字节数据是器件的地址，第二个字节是要操作的器件的内部 RAM 地址，第三个字节传送开始数据，最后是停止信号。每传送一个字节信号后，接收器将使 SDA 拉低，产生应答信号。

3) 起始信号和停止信号

在 I²C 总线上传送数据时，开始时必须发送起始信号，结束时必须发送停止信号，AT24C02 的起始信号和停止信号时序如图 9-12 所示。

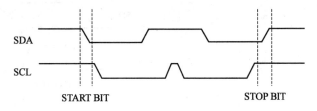

图 9-12　起始/停止信号时序图

起始信号和停止信号由主器件（单片机）按时序要求产生。

例如：

```
/ ****************** 起始信号函数 ****************** /
void   iic_start(void)
{
    SDA = 1;      // 启动 I²C 总线
    SCL = 1;
    delay(5);     //延迟 5μs
    SDA = 0;
    delay(5);
    SCL = 0;
}
/ ****************** 停止信号函数 ****************** /
void   iic_stop(void)
{
    sda = 0;     // 停止 I²C 总线数据传送
    delay(2);
    scl = 1;
    sda = 1;
    delay(3);
    scl = 0;
}
```

程序中 delay（ ）为延迟函数。

4) 数据信号的传送

I²C 总线上数据位的传送与时钟脉冲同步。时钟线为高时，数据线电压必须保持稳定，除非在启动和停止状态下，数据的有效性如图 9-13 所示。

也就是说，在进行数据传送时，在 SCL 为高电平时间内，SDA 上的电平 "0" 或 "1"，才被认为是有效的数据信号，在 SCL 为低电平时间内，才可以改变其电平值，当 SCL 再次为高电平的时候，SDA 上新的电平信号被认为是新一位数据信号，以此来传送数据。如果时钟线为高时，SDA 上的电平不稳定，而是发生跳变，将会被识别为起始信号或者停止信号。

写入与读出参考函数及代码如下：

/ ***************** 写 8bit 函数 ****************** /

```
void write—Byte(unsigned char dat)
{
    unsigned char i;
    for(i=0;i<8;i++)
    {
        dat=dat<<1;scl=0;sda=CY;delay5us( );scl
        =1;
    }
    scl=0;sda=1;
}
```

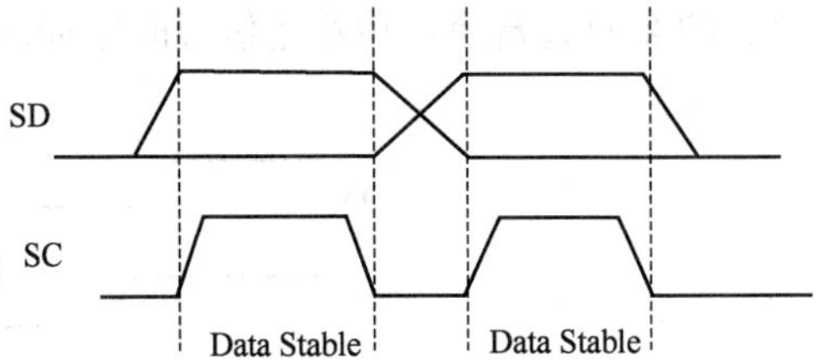

图 9-13   I²C 总线有效性

/ ***************** 读 8bit 函数 ****************** /

```
unsigned char read_1Byte( )
{
    unsigned char i,j,k=0;
    scl=0;    sda=1;
    for(i=0;i<8;i++)
    {
        scl=1;
        if(sda==1)j=1;
        else j=0;
        k=(k<<1)|j;
        scl=0;
    }
    return(k);
}
```

5) 应答信号及应答查询

在 I²C 总线上传送数据时，开始信号和结束信号之间传送数据的字节数没有限制，但是，每成功地传送一个字节（8bit）数据后，接收器都必须产生一个应答信号，应答的器件在第 9 个时钟周期时，将 SDA 线拉低，表示其已收到一个 8 位数据。AT24C02 在接收到起始信号和从器件地址之后，将产生应答信号；如果器件已选择了写操作，则在每接收 1Byte 之后发送一个应答信号。

当 AT24C02 工作于读模式时，在发送一个 8 位数据后，释放 SDA 线并监视一个应答信号。一旦收到应答信号，则继续发送数据；若主器件没有发送应答信号，则器件停止传送数据，并等待产生一个应答信号。发送应答信号的参考程序代码如下：

/ ***************** 发送应答子函数 ****************** /

```
void ack(void)
{
    SDA = 0;      // 发送应答位 0
    SCL = 1;
    delay2μs( );
```

```
        SDA = 1;
        SCL = 0;
}
```

同样，主控制器发送 1 字节数据后要查询应答位。

响应应答位参考程序代码如下：

```
/ ***************** 应答位检查子函数 ***************** /
void check_ack(void)
{
        SDA = 1;     // 应答位检查(读端口先向端口写1)
        SCL = 1;
        nackFlag = 0;    // nackFlag 应答标志
        if(SDA == 1)     // 若 SDA=1 表明非应答，置位非应答标志 F0
            nackFlag = 1;
        SCL = 0;
}
```

6) 器件寻址操作

在起始信号之后，必须进行器件寻址，器件寻址是通过写器件地址字节实现的。器件地址字节的结构如下：

AT24C02:	1	0	1	0	A2	A1	A0	R (/W)

高 4 位为器件类型符，EEPROM 一般为 1010，接下来 3 位 A2、A1、A0 为器件的地址位（A0、A1 和 A2）。最低位 R（/W）为读写控制位，"1"表示对从器件进行读操作，"0"表示对从器件进行写操作。

7) AT24C02 写操作

AT24C02 写操作分为字节写、页写两种方式。这两种方式都是串行传送的。

（1）字节写。在字节写的模式下，主器件首先给从器件发送起始命令和从器件地址信息（R/W 位置零），在从器件产生应答信号后，主器件发送 AT24C02 的字节地址，主器件在收到从器件的另一个应答信号后，再发送 1Byte 数据到被寻址的存储单元。从器件再次应答，并在主器件产生停止信号后，开始内部数据擦写，在内部擦写过程中，从器件不再应答主器件的任何请求。

写一字节数据的字节写流程图如图 9-14 所示。

（2）页写。用页写 AT24C02 可以一次写入 16 个字节的数据，页写操作的启动和字节写一样，不同在于传送了一字节数据后，并不产生停止信号。主器件被允许发送 P（AT24C02，P=15）个额外的字节，每发送一个字节数据后，AT24C02 产生一个应答位，并将字节地址低位加 1，高位保持不变。如果在发送停止信号之前，主器件发送超过 P+1 个字节，地址计数器将自动翻转，先前写入的数据被覆盖。接收到 P+1 字节数据和主器件发送的停止信号后，CAT24C02 启动内部写周期，将数据写到数据区，所有接收的数据在一个写周期内写入。

8) AT24C02 读操作

对 AT24C02 读操作的初始化方式和写操作时一样，仅把 R/W 置位为 1，有三种不同的读操作方式：立即地址读、选择读和连续读。

（1）立即地址读。AT24C02 的地址计数器内容为最后操作字节的地址加 1，如果上次读/写的操作地址为 N，则立即读的地址从地址 N+1 开始。如果 N=E（对 24WC02，E=255），则计数器将翻转到 0，且继续输出数据。AT24C02 接收到从器件地址信号后，R/W位置 1，首先发送一个应答信号，然后发送一个 8 位字节数据。主器件无需发送一个应答信号，但要产生一个停止信号。

（2）选择读。选择读操作允许主器件对寄存器的任意字节进行读操作。主器件首先通过发送起始信号、从器件地址及待读取的字节数据的地址。在 AT24C02 应答之后，主器件重新发送起始信号和从器件地址，此时 R/W 位置 1。AT24C02 响应并发送应答信号，然后输出所要求的一个 8 位数据。主器件不发送应答信号，但产生一个停止信号。选择读参考程序流程图如图 9-15 所示。

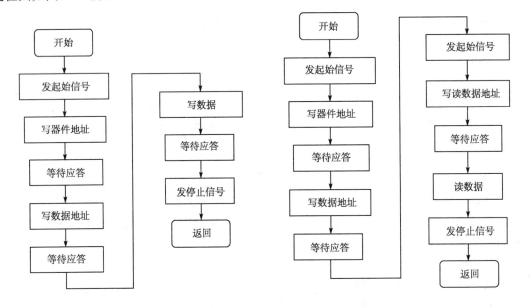

图 9-14　字节写流程图　　　　　图 9-15　选择读参考程序流程图

例如，下面程序实现了选择读一字节数据。

```
/ ******************** 选择读一字节子函数 ******************** /
unsigned char x24c02_read(unsigned char address)
{
    unsigned char dat;
    start( );        //起始信号
    write—Byte (0xa0);    //写 AT24C02 地址
    delay( );        //延迟代替应答检测
    write—Byte (address);    //写 AT24C02 内读数地址
    delay( );
    start( );
    write—Byte (0xa1);    //写 AT24C02 读地址(R/W=1)
    delay( );
    dat=read_Byte( );
    stop( );
```

```
        delay(10μs);
        return dat;
    }
```

（3）连续读。连续读操作可通过立即读或选择读操作启动，在 AT24C02 发送完一个 8 位字节数据后，主器件产生一个应答信号来响应，告知 AT24C02 主器件要求更多的数据。对应每个主机产生的应答信号，AT24C02 将发送一个 8 位数据字节，当主器件不发送应答信号而发送停止位时，结束此操作。

从 AT24C02 输出的数据按顺序由 N 到 N+1 输出，读操作时，地址计数器在整个地址内增加，这样在整个寄存器区域可在一个读操作内全部读出。当读取的字节超过 E（对 24WC02 E=255），计数器将翻转到零，并继续输出数据字节。

4. 案例：编程实现 AT24C024 写入、读出显示

1) 编程要求

写入数组 6 字节数据到 AT24C02，然后从 AT24C02 全部读出，并用数码管显示第 1 位和最后 1 位数据。

2) 程序设计思路

采用字节写模式，分 6 次写入数据；采用选择读的模式，分 6 次读出存入指定空间，然后从存储空间读出，用 2 位数码管动态显示，主程序参考流程图如图 9-16，读写程序流程图同前。

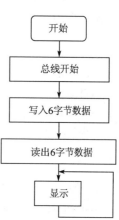

图 9-16　主程序参考流程图

3) 设计程序

根据流程图设计程序，参考程序如下：

```c
#include <reg51.h>
#define dport P0
sbit scl=P3^1;    //定义 24c02 SCL 引脚
sbit sda=P3^2;    //定义 24c02 SDA 引脚
unsigned char bit_led[2]={0xfe,0xfd};
unsigned char led_seg_code[]={0x3f,0x06,0x5b,0x4f,0x66,0x6d,0x7d,0x07,
0x7f,0x6f};
unsigned char code write_buf[6]={1,4,7,2,5,8};
unsigned char data read_buf[6];
/ ********** 开始总线函数 *************** /
void at24c02_init()
{
    scl=1;    sda=1;
}
/ ********* 延迟函数 *********** /
void delay(unsigned char time)
{
    unsigned char i;
    for(i=0;i<time;i++);
        ;
}
```

```
/********* 启动函数 ************/
void iic_start( )
{
 sda=1;
 scl=1;
 delay(2);
 sda=0;
 delay(3);
 scl=0;
}
/********* 停止函数 ************/
void iic_stop( )
{
 scl=0;
 sda=0;
 delay(2);
 scl=1;
 sda=1;
 delay(3);
}
/********* 写8位函数 ************/
void write_1Byte(unsigned char dat)
  {
   unsigned char i;
   for(i=0;i<8;i++)
    {
      dat=dat<<1;
      scl=0;
      sda=CY;
      scl=1;
     }
      scl=0;
      sda=1;
  }
/********* 读1字节函数 ************/
unsigned char read_1Byte( )
{
   unsigned char i,j,k=0;
   scl=0;   sda=1;
   for(i=0;i<8;i++)
   {
      scl=1;
      if(sda==1)j=1;
      else j=0;
```

```
        k=(k<<1)|j;
        scl=0;
    }
    return(k);
}
/********* 等待应答函数 ************/
void Answer_instead( )
{
    unsigned char i=0;
    scl=1;
    while((sda==1)&&(i<255))
      {
      i++;
      }
      scl=0;
}
/********* 读函数 ************/
unsigned char at24c02_read(unsigned char address)
{
    unsigned char dat;
    iic_start( );
    write_1Byte(0xa0);
    Answer_instead( );
    write_1Byte(address);
    Answer_instead( );
    iic_start( );
    write_1Byte(0xa1);
    Answer_instead( );
    dat=read_1Byte( );
    iic_stop( );
    delay(10);
    return dat;
}
/********* 写 1Byte 到器件地址函数 ***********/
void at24c02_write(unsigned char address,unsigned char info)
{
    iic_start( );write_1Byte(0xa0);
    Answer_instead( );
    write_1Byte(address);
    Answer_instead( );
    write_1Byte(info);
    Answer_instead( );
    iic_stop( );
    delay(50);
```

```
}
/ ********* 显示 1 位数据函数 ********** /
void display_1Byte(unsigned char seg_code,unsigned char bit_code)
{
  P2=0xff;
  P0=seg_code;
  P2=bit_code;
  delay(100);
}
/ ********* 主函数 *********** /
main(  )
{
unsigned char i;
at24c02_init(  );
for(i=0;i<16;i++)
{
      at24c02_write(i,write_buf[i]);
       delay(50);
      }
for(i=0;i<6;i++)
{
read_buf[i]=at24c02_read(i);
}
  while(1)
   {
      display_1Byte(led_seg_code[read_buf[0]],bit_led[0]);
      display_1Byte(led_seg_code[read_buf[5]],bit_led[1]);
      }
  }
```

9.4 项目实施

9.4.1 温度报警器总体设计思路

基本功能部分的实现思路是：用 AT89C51 单片机作控制，按单总线器件时序要求，控制测温器件 DS18B20 进行温度转换，读出结果并经数据处理，LCD1602 液晶显示。如果温度超过 25℃，则按一定的周期输出高低变化的方波信号，经放大后驱动蜂鸣器发声，实现报警功能。温度报警器总体结构框图如图 9-17 所示。

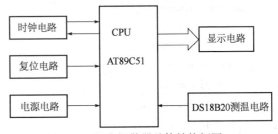

图 9-17　温度报警器总体结构框图

9.4.2 设计温度报警器硬件电路

用 AT89C51 作控制，4 位共阴数码管作显示，DS18B20 作测温器件，蜂鸣器作报警器件。DS18B20 采用外接电源方式，AT89C51 的 P1.5 作 DS18B20 单总线端口；P0 口的 P0.0～P0.7 作液晶显示数据输出端口，P2 口的 P2.0～P2.2 作液晶控制端口；P3.0 作报警信号输出，其硬件电路如图 9-18 所示。

9.4.3 设计温度报警器程序

1) 程序设计思路

根据 DS18B20 内部寄存器的结构及信号的时序、ROM 指令、RAM 指令，操作流程是：采用单点控制形式进行复位、启动转换、读出转换结果、数据处理，然后用 2 位数码管显示温度值，2 位数码管显示单位。当温度值大于 25℃时，输出一定频率的方波信号，放大后驱动蜂鸣器发声。其主程序参考流程如图 9-19 所示，读出温度参考程序流程图如图 9-20 所示。

2) 程序设计

根据硬件电路、程序流程图设计程序，主要参考程序如下：

```
#include "1602.h"
unsigned char LcdBuf1[]={"Temperature alarm "};
unsigned char XS_temp[]={"Temp is:     0C"};
unsigned char dat_temp[2];
sbit DQ = P1^5;
sbit buzzer= P3^0;
/ ********************************
函数名称:DS18B20 初始化函数
函数功能:DS18B20 初始化
入口参数:无
出口参数:DQ 状态
******************************** /
unsigned char ds18b20_init( )
{
    unsigned char i;
    DQ = 1;
    delay(8);
    DQ = 0;
    delay(80);
    DQ = 1;
    delay(10);
    i = DQ;
    delay(4);
    return i;
}
/ ********************************
```

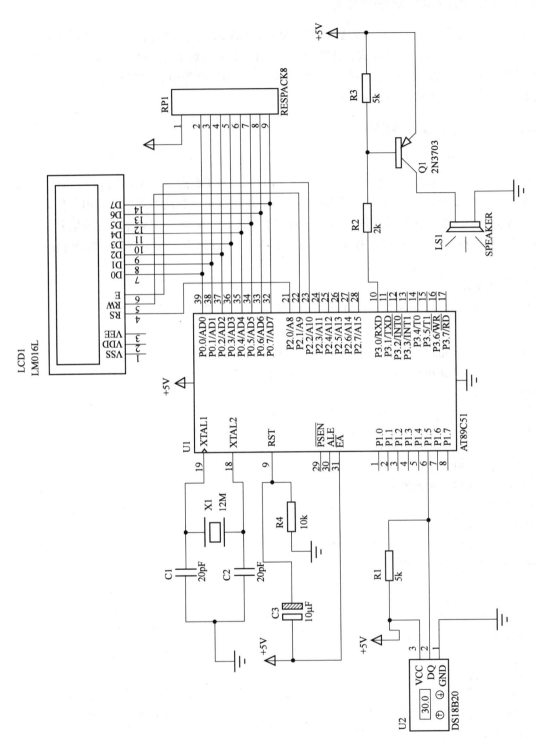

图9-18 温度报警器硬件电路图

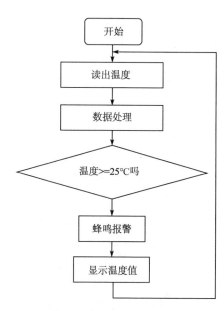

图 9-19　数字温度计主程序参考流程图

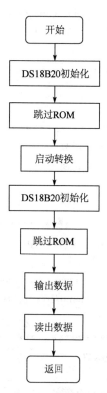

图 9-20　读出温度参考程序流程图

函数名称:读取温度函数
函数功能:读取温度
入口参数:无
出口参数:无
********************************** /
void　readtemp(void)
{
　　ds18b20_init();
　　write_byte(0xcc);　　//跳过 ROM
　　write_byte(0x44);　　//启动温度测量
　　delay(4);
ds18b20_init();
　　write_byte(0xcc);　　//跳过 ROM
　　write_byte(0xbe);
　　Temp_data[0] = read_byte();
　　Temp_data[1] = read_byte();
　　}
/ ********************************
函数名称:数据处理函数
函数功能:温度高低 8 位合并成温度值
入口参数:温度高低 8 位
出口参数:温度值
********************************** /

```c
unsigned char dat_changs(unsigned char a,unsigned char b)
{
    b<<=4;
    b+=(a&0xf0)>>4;
    return b;
}
/ ****************************
函数名称:字符转换函数
函数功能:温度字符转换
入口参数:温度值
出口参数:无
**************************** /
void string(unsigned char temp)
{
    XS_temp[10]=temp%10+0x30;
    XS_temp[9]=temp/10+0x30;
}
/ ****************************
函数名称:蜂鸣函数
函数功能:蜂鸣
入口参数:count 发声频率
出口参数:无
**************************** /
void Call_police(void)
{
 buzzer=! buzzer;
 delay(10000);
}
/ *********** 主函数 *********** /
main(  )
{
    lcd_init( );
    display_string(0,0,LcdBuf1);
while(1)
    {
      readtemp( );
      string(dat_changs(dat_temp[0],dat_temp[1]));
      if(dat_changs(dat_temp[0],dat_temp[1])>25)
      Call_police( );
      display_string(0,1,XS_temp);
    }
}
```

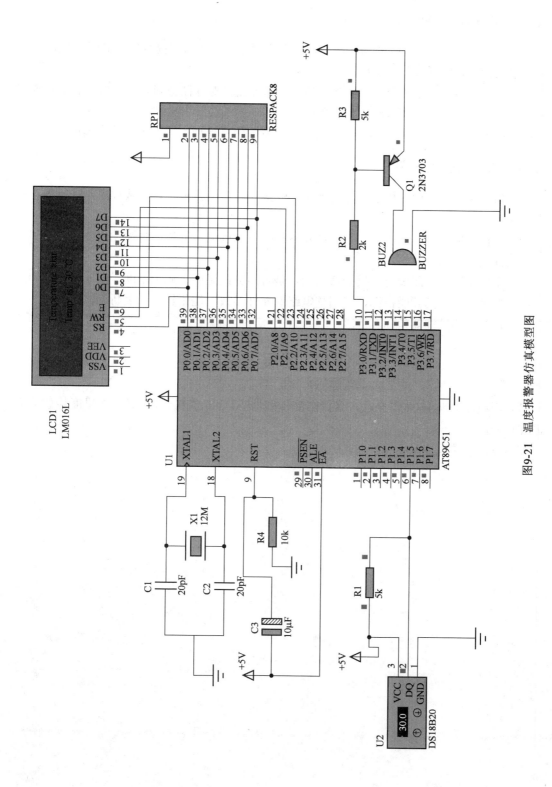

图9-21 温度报警器仿真模型图

9.4.4 仿真温度报警器

（1）利用 Keil μVisison2 的调试功能，根据错误提示，双击"提示"找到错误代码，排除各种语法错误，编译成 hex 文件。

（2）通过对端口、子函数入口参数赋值、变量赋值，对存储空间、端口数据、变量数据观察，用单步调试的方式调试函数和主程序。

（3）按硬件电路，用 Proteus 设计如图 9-21 所示仿真模型，然后进行仿真调试。

9.4.5 调试温度报警器

（1）仿真调试成功后，按硬件电路把元件焊接安装在电路板上，下载程序，进行静态和动态检测。

（2）运行程序，如不能运行，则先排除各种故障（供电、复位、时钟、内外存储空间选择、软硬件端口应用一致等）。

（3）用标准温度计测试温度报警器功能，是否能测试温度、显示温度，温度是否准确。

（4）如果没有达到性能指标，则调整电路或元件参数、优化程序，重新调试、编译、下载、运行程序，测试性能指标。

9.5 拓展训练

（1）用液晶 LCD1602 作显示，查找温度传感器 AD590 资料，用 AD590 温度传感器设计温度报警器。

（2）设计制作远程温度控制器。

附　　录

附录1　ASCII 码字符表

十六进制	十进制	字符	十六进制	十进制	字符
00	0	nul	18	24	can
01	1	soh	19	25	em
02	2	stx	1a	26	sub
03	3	etx	1b	27	esc
04	4	eot	1c	28	fs
05	5	enq	1d	29	gs
06	6	ack	1e	30	re
07	7	bel	1f	31	us
08	8	bs	20	32	sp
09	9	ht	21	33	!
0a	10	nl	22	34	"
0b	11	vt	23	35	#
0c	12	ff	24	36	$
0d	13	er	25	37	%
0e	14	so	26	38	&.
0f	15	si	27	39	`
10	16	dle	28	40	(
11	17	dc1	29	41	)
12	18	dc2	2a	42	*
13	19	dc3	2b	43	+
14	20	dc4	2c	44	,
15	21	nak	2d	45	—
16	22	syn	2e	46	.
17	23	etb	2f	47	/

十六进制	十进制	字符	十六进制	十进制	字符
30	48	0	54	84	T
31	49	1	55	85	U
32	50	2	56	86	V
33	51	3	57	87	W
34	52	4	58	88	X
35	53	5	59	89	Y
36	54	6	5a	90	Z
37	55	7	5b	91	[
38	56	8	5c	92	\
39	57	9	5d	93	]
3a	58	:	5e	94	ˆ
3b	59	;	5f	95	_
3c	60	<	60	96	′
3d	61	=	61	97	a
3e	62	>	62	98	b
3f	63	?	63	99	c
40	64	@	64	100	d
41	65	A	65	101	e
42	66	B	66	102	f
43	67	C	67	103	g
44	68	D	68	104	h
45	69	E	69	105	i
46	70	F	6a	106	j
47	71	G	6b	107	k
48	72	H	6c	108	l
49	73	I	6d	109	m
4a	74	J	6e	110	n
4b	75	K	6f	111	o
4c	76	L	70	112	p
4d	77	M	71	113	q
4e	78	N	72	114	r
4f	79	O	73	115	s
50	80	P	74	116	t
51	81	Q	75	117	u
52	82	R	76	118	v
53	83	S	77	119	w

十六进制	十进制	字符	十六进制	十进制	字符
78	120	x	7c	124	|
79	121	y	7d	125	}
7a	122	z	7e	126	～
7b	123	{	7f	127	del

附录 2　Keil C51 常用库函数

1. 字符函数库 （♯inclucle ＜ctype. h＞）

bit isalnum（char c）；　　//检查参数字符是否为英文字母或数字参数字符；
bit isalpha（char c）；　　//检查参数字符是否为英文字母；
bit iscntrl（char c）；　　//检查参数字符是否为控制参数字符；
bit isdigit（char c）；　　//检查参数字符是否为数字参数字符；
bit islower（char c）；　　//检查参数字符是否为小写英文字母；
bit isupper（char c）；　　//检查参数字符是否为大写英文字母；
bit isxdigit（char c）；　　//检查参数字符是否为十六进制数字字符；
bit toascii（char c）；　　//将参数字符转换成 ASCII 字符；
bit toint（char c）；　　//将参数字符 ASCII 字符 0～9、a～f 转换成十六进制数字；
char tolower（char c）；　　//将参数字符大写字母转换成小写字母；
char toupper（char c）；　　//将参数字符小写字母转换成大写字母。

2. C51 内部函数库 （♯inclucle ＜intrins. h＞）

unsigned char _ crol _ （unsigned char val，unsigned char n）；
unsigned int _ irol _ （unsigned int val，unsigned char n）；
unsigned long _ lrol _ （unsigned long val，unsigned char n）；
//将参数字符型（整型、长整型）变量循环向左移动指定位数后返回；
unsigned char _ cror _ （unsigned char val，unsigned char n）；
unsigned int _ iror _ （unsigned int val，unsigned char n）；
unsigned long _ lror _ （unsigned long val，unsigned char n）；
//将参数字符型（整型、长整型）变量循环向右移动指定位数后返回；
void _ nop _ （void）；　　//相当于插入 NOP，延长一个机器周期；
_ testbit（bit b）_ ；　　//相当于 JBC bit，测试位变量并跳转同时清除；
_ chkfloat _ ；　　//测试并返回源点数状态。

3. 动态内存分配函数库 （♯inclucle ＜stdlib. h＞）

float atof（char * string）；　　//将字符串转换成浮点数值；
int atoi（char * string）；　　//将字符串转换成整型数值；
long atol（char * string）；　　//将字符串转换成长整型数值；
void free（void xdata * p）；　　//释放 mAlloc 函数分配的内存空间；

void init _ mempool (void ＊ data ＊ p，unsigned int size)；　　//清除 mAlloc 函数分配的内存空间；

void ＊ mAlloc (unsigned int size)；　　　//返回一块大小为 size 个字节的连续内存空间的指针。

4. 输入输出流函数库 (♯ inclucle ＜stdlio. h＞)

流函数为 8051 的串口或用户定义的 I/O 口读写数据，缺省为 8051 串口；

char getchar (void)；　　//读入一个字符；

char getkey (void)；　　//读键、同 char getchar (void)；

int printf (const char ＊ fmtstr ［，argument］…)；　　//格式化输出函数；

char putchar (char c)；　　//输出一个字符。

5. 绝对地址访问函数库 (♯ inclucle ＜absacc. h＞)

访问绝对地址，包括：CBYTE、XBYTE、PWORD、DBYTE、CWORD、XWORD、PBYTE、DWORD。

附录 3　PROTEUS 常用元件名称

元件名称	中文名及说明
7407	驱动门
1N914	二极管
74Ls00	与非门
74LS04	非门
74LS08	与门
74LS390	TTL 双十进制计数器
7SEG	4 针 BCD-LED 输出从 0～9 对应于 4 根线的 BCD 码
7SEG	3～8 译码器电路，BCD-7SEG ［size＝＋0］ 转换电路
ALTERNATOR	交流发电机
AMMETER-MILL	mA 安培计
AND	与门
BATTERY	电池/电池组
BUS	总线
CAP	电容
CAPACITOR	电容器
CLOCK	时钟信号源
CRYSTAL	晶振
D-FLIPFLOP	D 触发器
FUSE	保险丝
GROUND	地
LAMP	灯
LED-RED	红色发光二极管
LM016L	2 行 16 列液晶

LOGIC ANALYSER	逻辑分析器
LOGICPROBE	逻辑探针
LOGICPROBE［BIG］	逻辑探针，用来显示连接位置的逻辑状态
LOGICSTATE	逻辑状态，用鼠标点击，可改变该方框连接位置的逻辑状态
LOGICTOGGLE	逻辑触发
MASTERSWITCH	按钮，手动闭合，立即自动打开
MOTOR	马达，电机
OR	或门
POT-LIN	三引线可变电阻器
POWER	电源
RES	电阻
RESISTOR	电阻器
SWITCH	按钮，手动按一下，转换一个状态
SWITCH-SPDT	二选通-按钮
VOLTMETER	伏特计
VOLTMETER-MILLI	mV 伏特计
VTERM	串行口终端
Electromechanical	电机
Inductors	变压器
Laplace Primitives	拉普拉斯变换
AERIAL	天线
CRYSTAL	晶振
FUSE；METER	仪表
Optoelectronics	各种发光器件，发光二极管、LED、液晶等
Resistors	各种电阻
Simulator Primitives	常用的器件
Switches & Relays	开关，继电器，键盘
Switching Devices	晶闸管
Transistors	晶体管（三极管，场效应管）
Analog Ics	模拟电路集成芯片
Capacitors	电容集合
Connectors	排座，排插
Debugging Tools	调试工具

附录4　LCD1602常用字符对照表

字符	编码	字符	编码	字符	编码	字符	编码	字符	编码
0	0X31	2	0X32	4	0X34	6	0X36	8	0X38
1	0X32	3	0X33	5	0X35	7	0X37	9	0X39

字符	编码	字符	编码	字符	编码	字符	编码	字符	编码
A	0X41	H	0X48	O	0X4F	V	0X56		
B	0X42	I	0X49	P	0XF0	W	0X57		
C	0X43	J	0X4A	Q	0X51	X	0X58		
D	0X44	K	0X4B	R	0X52	Y	0X59		
E	0X45	L	0X4C	S	0X53	Z	0X5A		
F	0X46	M	0X4D	T	0X54	—	0XB0		
G	0X47	N	0X4E	U	0X55	+	0XFD		

参 考 文 献

[1] 吴金戎，深庆阳，郭庭吉．8051 单片机应用与实践．北京：清华大学出版社，2003.
[2] 楼然苗，李光飞．51 系列单片机设计实例．北京：北京航空航天大学出版社，2013.
[3] 范风强，兰婵丽．单片机语言 C51 应用实战集锦．北京：电子工业出版社．2003.
[4] 胡伟，季晓衡．单片机 C 程序设计及应用实例．北京：人民邮电出版社．2004.
[5] 周润景，张丽娜．基于 PROTEUS 的电路及单片机系统设计与仿真．北京：北京航空航天大学出版社，2016.
[6] 徐爱钧．单片机高级语言 C51 Windows 环境编程与应用．北京：电子工业出版社，2015.
[7] 求是科技．单片机通信技术与工程实践．北京：人民邮电出版社，2005.
[8] 胡伟，季晓衡．单片机 C 程序设计及应用实例．北京：人民邮电出版社，2003.
[9] 陈小忠，黄宁，赵小侠．单片机接口技术实用子程序．北京：人民邮电出版社，2005.
[10] 张道德．单片机接口技术（C51 版）北京：中国水利水电出版社，2016.
[11] 万光毅，严义．单片机实验与实践教程．北京：北京航空航天大学出版社．2013.